DK 622.67:531.768

## FORSCHUNGSBERICHTE DES LANDES NORDRHEIN-WESTFALEN

Herausgegeben durch das Kultusministerium

Nr. 762

Dipl.-Ing. Willi Götzmann

Westfälische Berggewerkschaftskasse, Bochum

## Entwicklung von Geräten für die Messung von Förderseil- und Fördermaschinenschwingungen

Teilbericht: Gerät zur Messung der Beschleunigungskomponenten an vertikal und horizontal schwingenden Förderkörben oder -gefäßen

Als Manuskript gedruckt

SPRINGER FACHMEDIEN WIESBADEN GMBH

1959

ISBN 978-3-663-20025-3     ISBN 978-3-663-20380-3 (eBook)
DOI 10.1007/978-3-663-20380-3

## Gliederung

1. Einleitung .................................................. S. 5

2. Allgemeines ................................................ S. 5

   2.1 Die wesentlichen dynamischen Vorgänge in einer Schachtfördereinrichtung .................. S. 5

   2.2 Anlaß für die Entwicklung und den Bau eines Zweikomponenten-Beschleunigungsschreibers ........ S. 7

   2.3 Aufgabenstellung ...................................... S. 9

   2.4 Festlegung der physikalischen Meßgröße und der Kennwerte des Meßgerätes ........................... S. 10

3. Meßgeräte ................................................. S. 11

   3.1 Beschreibung des Zweikomponenten-Beschleunigungsschreibers ........................... S. 11

   3.2 Eichung des Beschleunigungsschreibers .......... S. 15

   3.3 Beschreibung des Teufengebers zur Aufschreibung des Fahrweges ...................... S. 17

4. Meß- und Auswerteverfahren ............................. S. 20

   4.1 Durchführung einer Beschleunigungsmessung ....... S. 20

   4.2 Auswertung und Beurteilung der Meßfahrtdiagramme ............................................. S. 21

5. Beispiele von Beschleunigungsmessungen an Förderkörben und -gefäßen ............................... S. 24

6. Zusammenfassung ......................................... S. 33

7. Literaturverzeichnis .................................... S. 35

1. Einleitung

In den letzten Jahren haben sich mehrfach schwere Schachtstörungen ereignet, deren Ursachen nicht einwandfrei ermittelt werden konnten. Mit großer Wahrscheinlichkeit wurden mehrere dieser Störungen durch einen mangelhaften Zustand der Führungseinrichtungen im Schacht eingeleitet. Dieser mangelhafte Zustand, der sich bei den regelmäßigen Schachtbefahrungen oftmals nicht feststellen läßt, löst zwischen den Führungseinrichtungen und den daran entlang bewegten Förderkörben oder -gefäßen (im folgenden mit dem Sammelbegriff "Fördermittel" bezeichnet) dynamische Vorgänge aus, die zu Störungen führen können. Andere dynamische Vorgänge, die zwischen den Fördermitteln und der bewegten Fördermaschine auftreten, sind vermutlich die Ursache weiterer Förderstörungen.

Mit Erhöhung der Nutz- und Totlast und mit zunehmender Teufe treten die dynamischen Vorgänge einer Fördereinrichtung immer mehr in den Vordergrund und werden für den Bergbau zu einem sicherheitlichen und wirtschaftlichen Problem.

Aus der Vielzahl der in einer Fördereinrichtung auftretenden dynamischen Vorgänge seien die wesentlichen hervorgehoben.

2. Allgemeines

2.1 Die wesentlichen dynamischen Vorgänge in einer Schachtfördereinrichtung

Die Treibscheibe einer dampf- oder elektrisch angetriebenen Fördermaschine führt eine Drehbewegung aus, der Drehschwingungsbewegungen überlagert sein können. Diese Drehschwingungsbewegungen der Treibscheibe werden entweder durch die schwingungserregenden Kräfte der Fördermaschine angeregt - insbesondere bei einer Dampfmaschine, die bekanntlich infolge ihrer Eigenart als Kolbenmaschine mit Kurbeltrieb während einer Umdrehung ein wechselndes Drehmoment abgibt - oder sie werden der Treibscheibe vom Fördermittel-Seil-System aufgezwungen, das in Richtung der Seilachse schwingt. Das Fördermittel-Seil-System ist anzusehen als eine Feder-Massegruppe, die aus den Massen der Treibscheibe, der Seilscheiben, der Fördermittel sowie den anteiligen Massen des Ober- und Unterseiles einerseits und den als masselos betrachteten Seilfedern andererseits gebildet wird ([1] und [2]). Dies System hat entsprechend der Anzahl der Massen und Federn zahlreiche Eigenfrequenzen. Ist die drehzahlabhängige Frequenz der schwingungserregenden Kräfte der Fördermaschine über längere Zeit annähernd oder genau gleich einer Eigenfrequenz des Fördermittel-Seil-Systems, so tritt Resonanz zwischen beiden Systemen auf. Selbst geringe schwingungserregende Kräfte genügen, um im Resonanzfall die erheblichen Massen zu immer größeren Schwingwegen aufzuschaukeln, sofern die Einwirkungsdauer lang genug ist. Bei Dampfmaschinenantrieb an Förderungen mittlerer und großer Teufe ist Resonanzaufschaukelung beim Durchfahren einer Eigenfrequenz des Fördermittel-Seil-Systems unvermeidbar und jedem Fördermaschinisten hinreichend bekannt. Wird die kritische Treibscheibendrehzahl schnell genug durchfahren, so tritt nur ein geringfügiges gegenseitiges Aufschaukeln ein und die Schwingungssysteme beruhigen sich schnell. Grundsätzlich können jedoch Resonanzschwingungen große zusätzliche dynamische Kräfte, z.B. auf das Oberseil, zur Folge haben. Die beim Anfahren oder Bremsen der Fördermaschine im Oberseil auftretenden dynamischen Kräfte sind im allgemeinen kleiner als die durch Resonanz hervorgerufenen. Die den statischen Kräften überlagerten dynamischen Kräfte führen oftmals zu vorzeitigen Drahtbrüchen, die sich auf bestimmten Oberseilstrecken zu häufen pflegen. Die Resonanzschwingungen können u.a. auch Schäden am Unterseil bewirken oder ein unzeitiges Eingreifen der an den Fördermitteln vorhandenen Fangvorrichtungen einleiten.

Nicht alle ungünstigen Folgen von Schwingungen in einer Fördereinrichtung können hier aufgezählt werden. Jedoch sei besonders bemerkt, daß die Unebenheiten der Schachtführungseinrichtungen die Fördermittel zu horizontalen Schwingungen anregen können, die ihrerseits Seilquer- und Seillängsschwingungen auslösen. Diese Seilschwingungen sind vorwiegend für die Seileinbandstellen, aber auch für das ganze Seil schädlich und können ebenfalls zu vorzeitigen Drahtbrüchen führen.

Die horizontalen Schwingungen der Fördermittel bewirken Kräfte, die proportional zu den schwingenden Massen sind. Bei Stößen der Fördermittel werden die Führungseinrichtungen durch die teilweise großen dynamischen Kräfte im Verlauf der Zeit zerhämmert, bis schließlich Spurlatten brechen, sofern sie nicht zeitig genug ausgewechselt werden. Geschieht das Auswechseln der Spurlatten nicht mit Sorgfalt, so ergeben sich neue Stellen, an denen die Fördermittel zu starken Schwingungen angeregt werden, wodurch immer größere Strecken der Führungseinrichtungen Schaden leiden. Einmal entstandene Mängel bewirken also eine weitere Verschlechterung des Zustandes der Spurlattenstränge. Die Gleitreibung, die zwischen den starren Führungsschuhen der bewegten Fördermittel und den Führungseinrichtungen auftritt, hat einen Verschleiß an den Spurlatten zur Folge. Alle diese Vorgänge verderben schließlich den Zustand der gesamten Führungseinrichtung, außerdem wirken sich die vom Gebirgsdruck erzwungenen Schachtbewegungen nachteilig auf den Zustand der Schachtführungen aus.

## 2.2 Anlaß für die Entwicklung und den Bau eines Zweikomponenten-Beschleunigungsschreibers

Zum Schutz von Personen und zur Vermeidung von Betriebsstörungen müssen die dynamischen Vorgänge in einer Fördereinrichtung überwacht und messend verfolgt werden. Dazu sind Meßgeräte notwendig, mit denen jede Fördereinrichtung in möglichst einfacher Weise spätestens dann untersucht werden kann, wenn sich die ersten Anzeichen einer Unregelmäßigkeit bemerkbar machen. Zu diesen Anzeichen gehören u.a. ungewohntes, unangenehm empfundenes Schwingen der Fördermittel in horizontaler oder vertikaler Richtung während der Seilfahrt, das Auftreten von Anrissen oder Dauerbrüchen an den Fördermitteln, durch Augenschein festgestelltes heftiges Hin- und Herschwingen des Ober- oder Unterseiles, starker Verschleiß an den Spurlatten, unzeitiges Eingreifen der Fangvorrichtungen, Häufung von Drahtbrüchen in den Seileinbänden oder in denjenigen Strekken des Oberseiles, die während der Beschleunigungs- oder Verzögerungsperiode gerade über die Seilscheiben laufen, sowie starker Rollenverschleiß bei rollengeführten Fördermitteln. Eine erfolgversprechende Untersuchung durch Institute oder auch regelmäßige Überwachung einer Fördereinrichtung durch die Zeche kann sich mit einer Messung der statischen Verhältnisse allein nicht begnügen. So genügt es z.B. nicht, eine Messung des Rundlaufs der Treibscheibe und der Seilscheiben durchzuführen, um aus den Ergebnissen dieser Messung Rückschlüsse auf das Schwingungsverhalten der bewegten Fördermittel in vertikaler Richtung zu ziehen. Unzureichend ist es auch, die Führungseinrichtungen eines Schachtes nur mit dem sog. Spurlattenprüfgerät zu untersuchen. Das Spurlattenprüfgerät mißt die Summe des seitlichen Verschleißes der Spurlatten sowie die Spurweitenänderungen und muß als ein langjährig bewährtes, wertvolles Hilfsmittel betrachtet werden, auf das nicht verzichtet werden sollte. Jedoch geben die Ergebnisse von Spurlattenmessungen keine Auskunft über die dynamischen Vorgänge zwischen den Führungseinrichtungen und den daran entlang bewegten Fördermitteln. Wenn die Untersuchung einer Fördereinrichtung Erfolg versprechen soll, müssen daher Meßverfahren hinzugezogen werden, die Aufschluß über die dynamischen Vorgänge geben.

Die dynamischen Vorgänge lassen sich u.a. dadurch ermitteln, daß die mechanischen Schwingungen gemessen werden, zu denen das Fördermittel in vertikaler oder in horizontaler Richtung während des Treibens angeregt wird. Die mechanischen Schwingungen sind charakterisiert durch den Schwingweg, die Schwinggeschwindigkeit und die Schwingbeschleunigung.

Schwingbeschleunigungen sind nicht nur wegen ihrer Proportionalität zu den Kräften und damit zu den Beanspruchungen von Interesse, sondern auch wegen ihres Vorzuges, allgemein als Maß für die Beeinträchtigung der Fahrtruhe eines Förder- bzw. Beförderungsmittels zu gelten. Um Beschleunigungen messen zu können, muß das Meßsystem hoch abgestimmt sein, d.h. die Eigenfrequenz des aus einer Feder-Masse-Anordnung bestehenden Beschleunigungsaufnehmers muß größer sein als die größte Frequenz, die in dem zu erfassenden dynamischen Vorgang beachtet werden muß.

Seilbeanspruchungen infolge von dynamischen Kräften kann man durch Messung der vertikalen Beschleunigungskomponente eines Fördermittels erfassen, wenn die beteiligten Massen in geeigneter Weise berücksichtigt werden, und zwar insbesondere die Förder- und Unterseilmassen. Erheblich schwieriger ist die Ermittlung von horizontal wirkenden Kräften auf Grund einer Messung der horizontalen Beschleunigungskomponenten eines Fördermittels. Hierbei lassen - trotz der Proportionalität der Beschleunigungen zu den Kräften - die Ergebnisse einer Messung der Horizontalbeschleunigungskomponenten des Fördermittels nur in seltenen Fällen hinreichend genaue Schlußfolgerungen auf die wirkenden Kräfte zu, da die an einem Erschütterungsstoß beteiligten Massen im allgemeinen unbekannt sind. Wie schon S. BÄR ausgeführt hat, sind zum Beispiel die an einem Schwingungsvorgang beteiligten Massen bei einer Schwingbewegung des Fördermittels rechtwinklig zu den Flankenflächen der Spurlatten kleiner als bei einer Schwingbewegung rechtwinklig zu den Stirnflächen der Spurlatten [3]. Die an einem Erschütterungsstoß beteiligten Massen eines Förderkorbes oder auch eines Fördergefäßes sind in gewissen Grenzen noch von der gewählten Konstruktion dieser Teile abhängig. Ein Fördergefäß ist im Vergleich zu einem Förderkorb ein starrer Körper, in dem die Nutzlast kraftschlüssig befördert wird, im Gegensatz zu den zwischen Laufschienenrasten horizontal frei beweglichen Förderwagen eines Förderkorbes. Für die Beurteilung der Beanspruchungen von Schachteinbauten ist es auch wichtig zu wissen, auf wieviel Führungsschuhe sich die Massenkräfte verteilen.

Grundsätzlich kann man sagen, daß die an einem horizontalen Erschütterungsstoß beteiligten Massen bei einem Fördergefäß größer sind als bei einem gleich schweren Förderkorb. Der Massenanteil bleibt jedoch im allgemeinen numerisch unbekannt, so daß die wirkenden horizontalen Kräfte aus den ihnen proportionalen Beschleunigungen nicht errechnet werden können. Demnach können in der Mehrzahl aller Fälle die Ergebnisse von Messungen der horizontalen Beschleunigungskomponenten nur insoweit zur Beurteilung des Zustandes der Schachtführungen herangezogen werden, als sie ein Maß für die Beeinträchtigung der Fahrtruhe eines Fördermittels sind.

Die Seilprüfstelle der Westfälischen Berggewerkschaftskasse Bochum führt seit vielen Jahren Schwingungsmessungen an Fördereinrichtungen durch. Sie arbeitet ausschließlich mit Beschleunigungsschreibern, deren große Bedeutung z.B. für die Ermittlung dynamischer Beanspruchungen von Förderseilen schon 1934 von HERBST im Bericht der Versuchsgrubengesellschaft, Heft 5, hervorgehoben wird. Hierin sagt HERBST u.a., daß Beschleunigungsmesser als wichtigstes Hilfsmittel zur Bestimmung der Förderseilbeanspruchungen stets im Vordergrund stehen sollten, da sie sehr einfach auf den Fördermitteln anzubringen sind, so daß Beschleunigungsmessungen während der normalen Förderung gemacht werden können, ohne diese nennenswert zu stören. Da die Seilbeanspruchungen sehr wesentlich von der Maschinenführung abhängen, ist es besonders wichtig, bei normaler Förderung zu messen.

## 2.3 Aufgabenstellung

Ein Meßgerät soll entwickelt werden, mit dem die dynamischen Vorgänge an einer Fördereinrichtung gemessen werden können. Zur näheren Auswahl stehen zwei physikalische Meßgrößen, und zwar die "Kraft" und die "Beschleunigung". Das Gerät muß einfach und schnell auf dem Fördermittel angebracht und bedient werden können. Die Meßfahrtdiagramme sollen unmittelbar auszuwerten und zu deuten sein. Für die gewählte Meßgröße sollen genügend Erfahrungen in Bezug auf den Anwendungsfall vorliegen, damit sich das Gerät als Betriebsmeßgerät eignet.

## 2.4 Festlegung der physikalischen Meßgröße und der Kennwerte des Meßgerätes

In dankenswerter Zusammenarbeit mit dem damals zur Max-Planck-Gesellschaft, Göttingen, gehörenden Institut für Instrumentenkunde, der Forschungs- und Bergbauabteilung der Gutehoffnungshütte, Sterkrade, sowie der Abteilung Geophysik, Schwingungs- und Schalltechnik der Westfälischen Berggewerkschaftskasse Bochum wurden die physikalische Meßgröße und die Kennwerte des zu bauenden Meßgerätes festgelegt.

Auf Grund der langjährigen Erfahrungen mit dem von HERBST im Heft 5 der Versuchsgrubenberichte (1934) beschriebenen Beschleunigungsschreiber von JAHNKE-KEINATH, der nur für die Messung der vertikalen Beschleunigungskomponente geeignet ist, sowie der Erfahrungen mit einem später gebauten und noch sehr einfachen Schreiber, der eine horizontale Beschleunigungskomponente messen kann, wurde einem zu entwickelnden Beschleunigungsschreiber gegenüber einem Kraftschreiber der Vorzug gegeben.

Die Beurteilung der vertikalen Beschleunigung eines Fördermittels hat besondere Untersuchungen an der Fördermaschine zur Voraussetzung, die im allgemeinen nur durch Institute oder Sachverständige vorgenommen werden können. Zur regelmäßigen Überwachung der Schachtführungseinrichtungen soll die Messung der horizontalen Beschleunigung durch die Betriebsbeamten der Zeche erfolgen. Das neue Meßgerät muß also den unterschiedlichen Ansprüchen genügen, die durch die Aufgabe der Untersuchung oder der Überwachung gestellt werden.

Grundbedingung für die Entwicklung des Beschleunigungsschreibers war, daß das Meßgerät keine elektrischen Einrichtungen enthalten darf, damit es in allen Haupt- und Blindschächten eingesetzt werden kann. Das Gerät soll zur Messung der vertikalen und einer horizontalen oder von zwei horizontalen Beschleunigungen geeignet sein und muß deshalb mit zwei um $90°$ zueinander versetzten Meßelementen ausgerüstet werden.

Im einzelnen wurden die Eigenfrequenz, die Dämpfungsart und das Dämpfungsmaß der Meßelemente sowie der Meßbereich und die Schreibamplitude in mm/g (g = Erdbeschleunigung) festgelegt. Die Toleranzen für die Konstanz des Papiervorschubes und die erforderliche Laufdauer des Uhrwerksantriebes wurden vereinbart.

Die Zuordnung einer auf dem Fördermittel gemessenen Schwingbeschleunigung zu einer bestimmten Stelle der Führungseinrichtungen im Schacht wurde bisher über ein an der Fördermaschine aufgenommenes Weg-Zeit-Diagramm vorgenommen. Hierbei mußten die aus dem Weg-Zeit-Diagramm ermittelten Fahrwege in Abhängigkeit von der Zeit als Teufenmarken in das Beschleunigungsdiagramm übertragen werden. Dieses umständliche und in der Genauigkeit nicht befriedigende Verfahren führte zu dem Wunsch, die Fahrwegmarken unmittelbar auf das Beschleunigungsdiagramm zu geben. Das neue Meßgerät sollte dafür eine besondere Schreibspur mit Anschluß für eine biegsame Welle erhalten. Die biegsame Welle ihrerseits sollte durch ein auf dem Fördermittel schnell zu befestigendes Rad angetrieben werden, das während des Treibens an einem Spurlattenstrang abrollt. Der Bau und die Erprobung dieses Fahrweggebers - nachfolgend als Teufengeber bezeichnet - wurde von der Forschungs- und Bergbauabteilung der Gutehoffnungshütte übernommen.

Nach den vorbesprochenen Angaben wurde der Zweikomponenten-Beschleunigungsschreiber von der Zentralwerkstatt der Max-Planck-Gesellschaft, Göttingen, gebaut und durch die Seilprüfstelle geeicht, erprobt und vielfach eingesetzt.

## 3. Meßgeräte

### 3.1 Beschreibung des Zweikomponenten-Beschleunigungsschreibers

Die Arbeitsweise eines mechanischen Schwingungsmessers ist aus dem grundsätzlichen Schema der Abbildung 1 zu ersehen. Am festen Punkt P - z.B. im Innern des Meßgerätes - ist eine Feder F befestigt, an der eine flüssigkeitsgedämpfte schwingende Masse m hängt, die sich in der gezeichneten Stellung in Ruhelage befindet. Wird an der Masse m eine vertikal nach unten gerichtete Kraft aufgebracht, so längt sich die Feder um einen bestimmten Betrag. Wenn diese Kraft plötzlich entfernt wird, führt die Masse m eine durch die Rückstellkraft der Feder beschleunigte Bewegung nach oben aus. Hierbei schwingt die Masse m über die ursprüngliche Ruhelage hinaus und wieder zurück. Der gleiche Vorgang wiederholt sich in periodischer Folge, wenn nicht dem schwingenden System durch die Dämpfung Energie entzogen wird.

Die Schwingbewegungen der Masse m werden durch ein Schreibhebelsystem auf das vom Uhrwerksantrieb bewegte Schreibpapier aufgezeichnet.

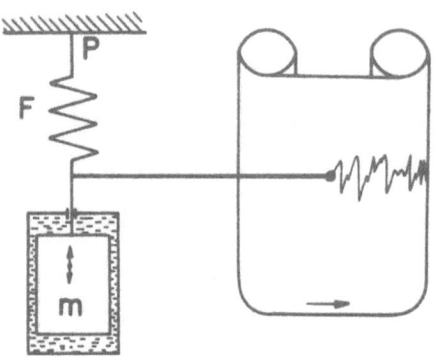

Abbildung 1
Schema eines mechanischen Schwingers

Der Aufbau der im Meßgerät verwendeten Meßelemente ist aus der Abbildung 2 ersichtlich. Zwischen zwei mit dem Zylindergehäuse verbundenen Blattfedern ist die Masse befestigt. Sie ist so ausgebildet, daß sie in einem mit Flüssigkeit gefüllten Zylinder einerseits als schwingende Masse und andererseits als Dämpfungskolben wirkt.

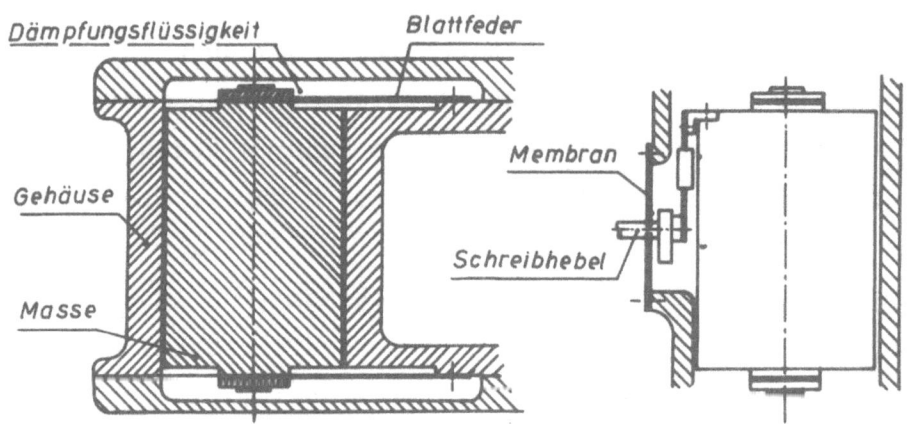

Abbildung 2
Aufbau eines Meßelementes

Durch Silicon als Dämpfungsflüssigkeit wird eine ausreichende Unabhängigkeit der Dämpfung von der Temperatur erreicht. Die Dämpfung ist $D \approx 0,6$. Der Meßbereich des Schwingers beträgt $\pm 2$ g (g = Erdbeschleunigung).

Die Meßelemente sind zwei hochabgestimmte Feder-Masse-Systeme und stehen um 90° zueinander versetzt (Abb. 3). Das ungedämpfte System hat eine Eigenfrequenz von 20 Hz. Je nach Lage der Schwinger können die vertikale und eine horizontale oder zwei horizontale Beschleunigungskomponenten gemessen werden.

Abbildung 3
Innenansicht des Gerätes

Die Rückstellkraft, die sich aus dem Schwerefeld der Erde ergibt, ist gegenüber der Rückstellkraft der Blattfedern vernachlässigbar klein, so daß die Eigenfrequenzen bei aufrechter und waagerechter Lage der Blattfedern sich praktisch nicht unterscheiden.

Da bei Messung der horizontalen Beschleunigungskomponenten der Beginn eines Meßzuges im allgemeinen auf dem Diagramm nicht genau zu erkennen ist, wurde im Gerät ein ungedämpfter Vertikalschwinger eingebaut, der beim Anfahren des Fördermittels eine Kennmarke schreibt.

Zur unmittelbaren Aufschreibung des Fahrweges ist eine weitere Schreibfeder mit Anschlußmöglichkeit für eine biegsame Welle im Gerät eingebaut.

Alle 4 Meßwerte, d.h. Anfahrmarke, Beschleunigungskomponenten in zwei zueinander rechtwinkligen Bewegungsrichtungen und Teufenmarke, werden auf Wachspapier aufgezeichnet. Die Schreibhöhe beträgt bei Beschleunigungen mit einer Frequenz unter 2 Hz etwa 5,2 mm/g, der Papiervorschub 10 mm/s, der Papiervorrat etwa 15 m. Das Wachspapier wird von einer Stachelwalze angetrieben, wobei sich das Papier von einer gebremsten Vorratsrolle ab- und auf eine zweite, von der Stachelwalze über eine Rutschkupplung angetriebene Rolle wieder aufwickelt. Hierdurch ist der Papiervorschub nur von der Drehzahl der Stachelwalze abhängig. Die Stachelwalze ihrerseits wird von einem Federwerk angetrieben. Für eine genügende Konstanz der Drehzahl der Stachelwalze und damit des Papiervorschubes innerhalb von ± 1 % bei einer Laufdauer von 0 bis 9 Minuten (Abb. 4) sorgt ein Regler.

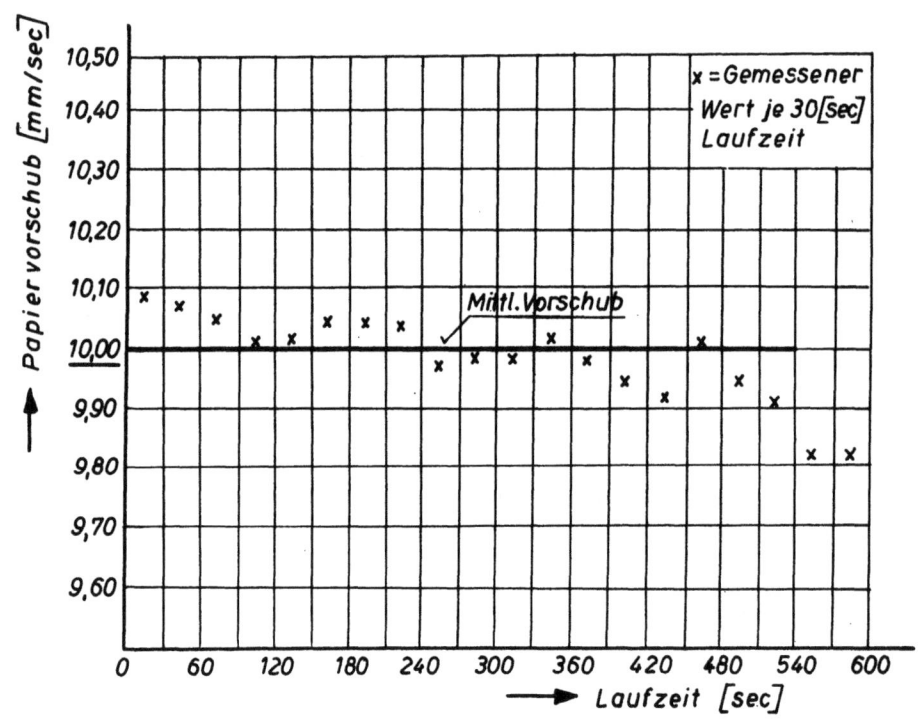

A b b i l d u n g  4
Papiergeschwindigkeit

Die volle Laufzeit des Federwerkes beträgt 10 Minuten. Diese Laufzeit reicht gut aus für einen Doppelförderzug einschließlich der für das Beschicken der Fördermittel erforderlichen Zeiten. Alle Meßwertaufzeichnungen erfolgen kreisbogenförmig, parallaxenfrei auf demselben Diagramm.

Abbildung 5 zeigt den einsatzfertigen Zweikomponenten-Beschleunigungsschreiber. Die abschraubbare Schutzkappe, die unter dem rechten Tragegriff des Meßgerätes zu erkennen ist, verdeckt eine Durchführung zum Innenraum, an die eine biegsame Welle zur Übertragung der Fahrwegmarken angeschlossen wird. An dem links unten in Abbildung 5 sichtbaren Knopf läßt sich die Papiervorratskassette leicht herausziehen.

**Abbildung 5**
Zweikomponenten-Beschleunigungsschreiber

Das Auswechseln des Schreibpapiers ist auf wenige Handgriffe beschränkt. An einem Drehknopf auf dem Gehäusedeckel kann der Papiervorschub eingeschaltet werden. Der Vierkant-Steckschlüssel zum Aufziehen des Uhrwerksantriebes ist abnehmbar. Für die Befestigung des Gerätes sind Aufspannflächen mit Bohrungen vorhanden.

3.2 Eichung des Beschleunigungsschreibers

Beide Schwinger des Zweikomponenten-Beschleunigungsschreibers sind statisch und dynamisch geeicht, wodurch die Wiedergabekurve in Abhängigkeit von der Frequenz bestimmt ist.

Die statische Eichung erfolgt auf einer horizontalen Ebene, auf die der Beschleunigungsschreiber gelegt wird. In diesem Zustand wirkt die Erdbeschleunigung rechtwinklig zur Bewegungsrichtung des Schwingers und ruft keinen Ausschlag hervor. Durch kurzzeitiges Einschalten des Papiervorschubes wird die Nullinie geschrieben. Nunmehr wird der Beschleunigungsschreiber um 90° gedreht, derart, daß die Richtung der Erdbeschleunigung mit der Bewegungsrichtung der Masse des Schwingers übereinstimmt. Der jetzt vorhandene Ausschlag der Schreibfeder entspricht der Erdbeschleunigung 1 g = 9,81 m/s$^2$. Um einen Ausschlag von 2 g zu erhalten, muß man das Gerät von dieser Stellung aus um 180° drehen, d.h. auf den Kopf stellen.

Die dynamische Eichung beider Schwinger erfordert einen Schwingtisch, der mit einstellbarer Frequenz in horizontaler Richtung Schwingwege von bekannter Größe ausführt. Im Frequenzbereich von z.B. 4 bis 20 Hz wird dem auf dem Schwingtisch aufgebauten Beschleunigungsschreiber eine genau definierte sinusförmige Bewegung aufgezwungen. Aus dem Schwingtischweg (Amplitude = a) und der Tischfrequenz (f) läßt sich die zugehörige Beschleunigung (b) errechnen nach der Beziehung:

$$b = a \cdot \omega^2 \, [m/s^2], \text{ wobei } \omega = 2 \cdot \pi \cdot f \text{ ist.}$$

Die so errechnete Beschleunigung der Schwingtischbewegung wird zum aufgezeichneten Schreibhebelausschlag in Beziehung gesetzt. Dadurch erhält man nach Umrechnung auf einen Schreibhebelausschlag für eine Beschleunigung von 1 g aus den Ergebnissen der statischen und dynamischen Eichung für jeden Schwinger eine Eichkurve. Die Eichkurve in Abbildung 6 gibt an, wieviel Millimeter Ausschlag das Meßsystem des Schwingers I für eine Beschleunigung von 1 g bei Frequenzen von 0 (stat. Eichung) bis 20 Hz hat. Die Eichkurve des Schwingers II hat angenähert den gleichen Verlauf wie die des Schwingers I. Bei einem mittleren Schreibfederanpreßdruck von vier Gramm beträgt die amplitudenabhängige Streuung etwa ± 5 %. Diese Genauigkeit ist für die vorliegende Meßaufgabe ausreichend.

Die Eichkurve entspricht einer Dämpfung von D ≈ 0,6. Die beste Dämpfung für Beschleunigungsschreiber liegt erfahrungsgemäß zwischen D = 0,5 und 0,7, weil dann der Meßfrequenzbereich am größten ist. Grundsätzlich genügt die Kenntnis der Eichkurve, um mit dem Gerät arbeiten zu können.

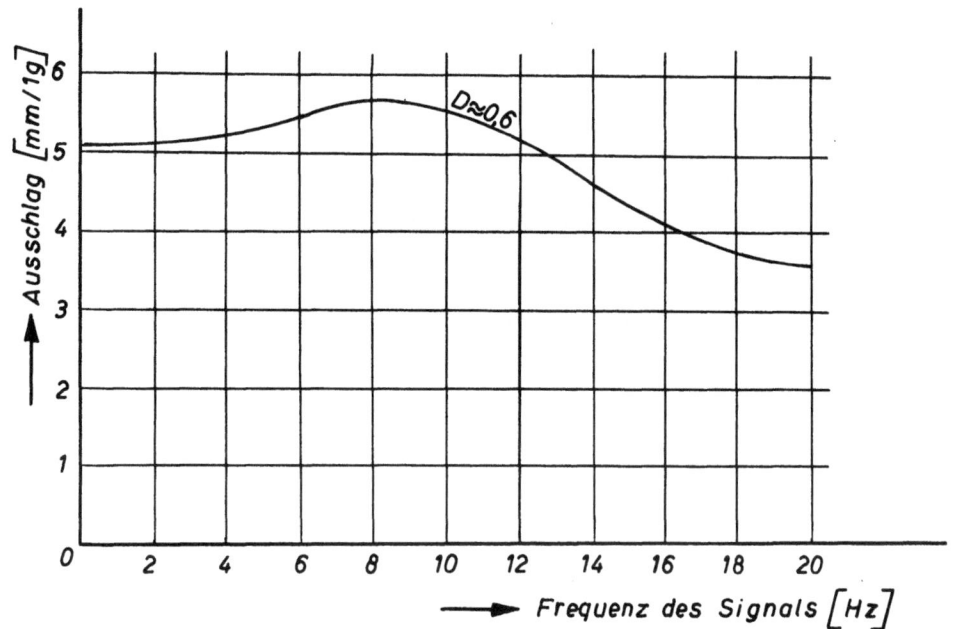

Abbildung 6
Eichkurve des Schwingers I

3.3 Beschreibung des Teufengebers zur Aufschreibung des Fahrweges

Auf Grund der Besprechungen bei der Planung des Zweikomponenten-Beschleunigungsschreibers wurde von der Forschungsabteilung der Gutehoffnungshütte ein Teufengeber gebaut. Mit diesem Gerät sollen Fahrwegmarken auf das aufzuzeichnende Beschleunigungsdiagramm gegeben werden, damit man die Lage der Unebenheiten im Schacht, an denen das Fördermittel zu starken Beschleunigungen angeregt wird, unmittelbar aus dem Diagramm entnehmen kann.

Der in Abbildung 7 wiedergegebene auseinandernehmbare Teufengeber besteht im wesentlichen aus einem geschweißten Stahlrohrrahmen mit einer gegenüber dem Rahmen durch Teleskopfedern mit Hubbegrenzung abgefederten Gabel, in der ein luftbereiftes Rad gelagert ist. An der Gabel ist ein mit dem Rad gekuppeltes Untersetzungsgetriebe einschließlich Anschluß für eine biegsame Welle montiert. Eine selbsttätig wirkende Bremsvorrichtung verhindert ein Leerlaufen des Rades im Falle des Abhebens vom Spurlattenstrang.

Der Teufengeber wird in einen einfachen Holzrahmen gesetzt (Abb. 7a), der so auf einem Tragboden des Fördermittels verkeilt ist, daß das Rad fest an einem Spurlattenstrang anliegt. Eine weitere Aufstellungsmöglichkeit ist die (Abb. 7b), den Teufengeber mit seinem Grundrahmen einschließlich des Zweikomponenten-Beschleunigungsschreibers durch vier Schrauben auf dem Dach des Fördermittels zu befestigen. Diese Aufstellung der Meßapparatur hat den Vorteil, daß z.B. bei Gestellförderungen die Messung mit den üblichen Betriebslasten durchgeführt werden kann. Eine biegsame Welle verbindet den Teufengeber mit dem Zweikomponenten-Beschleunigungsschreiber, auf dessen Schreibpapier für je 10 m Fahrweg eine Meßmarke aufgeschrieben wird. Durch Versuche wurde festgestellt, daß die Genauigkeit der Fahrwegangabe auf dem Diagramm des Meßgerätes ± 4 m bei etwa 1000 m Fahrweg beträgt. Bei der Fahrwegbestimmung durch ein an der Fördermaschine aufgenommenes Weg-Zeit-Diagramm ergeben sich größere Ungenauigkeiten als ± 4 m.

a) b)

A b b i l d u n g  7
Teufengeber

Wenn man einer aufgezeichneten Beschleunigung eine bestimmte Stelle der Schachtführungseinrichtung zuordnen will, besteht außer der Ungenauigkeit in der Fahrwegangabe noch eine Unsicherheit in der Größenordnung der Höhe des Fördermittels dadurch, daß man im allgemeinen nicht weiß, welcher der auf die Höhe des Fördermittels verteilten Führungsschuhe hauptsächlich am Stoßvorgang teilgenommen hat. Bei Verwendung des Teufengebers muß man daher bei der Zuordnung einer aufgezeichneten Beschleunigung z.B. zu einer Unebenheit an den Spurlattensträngen insgesamt mit einem Fehler im Bereich zwischen etwa ± 10 m in der Teufenangabe rechnen.

Bevor im nächsten Abschnitt die Durchführung einer Beschleunigungsmessung mit dem Zweikomponenten-Beschleunigungsschreiber besprochen wird, müssen vorher zur Vermeidung von Mißverständnissen noch einige Begriffe festgelegt werden.

Die Vertikalbeschleunigung $b_v$ [m/s²] stellt die zeitliche Änderung der Geschwindigkeit einer Schwingbewegung des Fördermittels parallel zu den Spurlattensträngen dar (Abb. 8, oben).

Unter Horizontalbeschleunigung in Längsrichtung $b_l$ [m/s²] eines Förderkorbes oder -gefäßes wird die zeitliche Änderung der Geschwindigkeit einer Schwingbewegung verstanden, die das Fördermittel in horizontaler Richtung zwischen den Spurlattensträngen - also rechtwinklig zur Stirnfläche eines jeden Lattenstranges - erfährt (Abb. 8, unten).

Als Horizontalbeschleunigung in Querrichtung $b_q$ [m/s²] eines Förderkorbes oder -gefäßes wird die zeitliche Änderung der Geschwindigkeit einer Schwingbewegung bezeichnet, die die Führungsschuhe eines Fördermittels in horizontaler Richtung rechtwinklig zu den Flankenflächen der Spurlatten ausführen (Abb. 8, unten). Demnach muß das Meßgerät in unmittelbarer Nähe der Führungsschuhe aufgestellt werden, wenn die Horizontalbeschleunigung in Querrichtung gemessen werden soll. Wird das Meßgerät an einer Stelle zwischen zwei horizontal gegenüberliegenden Führungsschuhen befestigt, dann können infolge einer Drehbewegung des Fördermittels, z.B. um die vertikale Drehachse, die an diesem Aufstellungsort aufgezeichneten Beschleunigungen kleiner oder größer sein als am benachbarten Führungsschuh. Die von den Spurlatten erzwungenen Drehbewegungen des Fördermittels

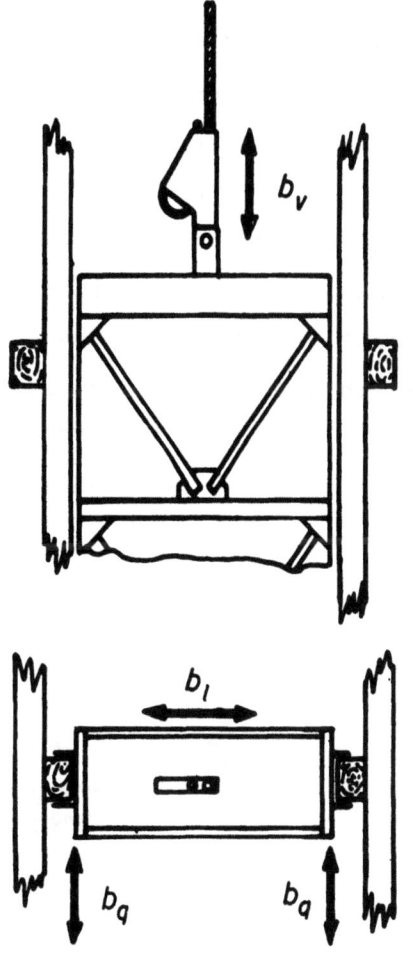

A b b i l d u n g  8
Darstellung der Beschleunigungskomponenten

Seite 19

erfolgen u.a. um die vertikale Drehachse, die frei beweglich zu denken ist etwa auf der Verbindungsgeraden zweier gegenüberliegender Führungsschuhe. Da die jeweilige Lage dieser vertikalen Drehachse des Fördermittels im allgemeinen nicht bekannt ist, kann die zwischen zwei horizontal gegenüberliegenden Führungsschuhen gemessene Beschleunigung ($b_q$) nicht reduziert werden auf die Führungsschuhe. Hieraus ergibt sich die Forderung, das Meßgerät in unmittelbarer Nähe der Führungsschuhe aufzustellen.

Gleiche Überlegungen gelten für Drehbewegungen um die zwei zueinander rechtwinkligen - ebenfalls frei beweglich anzunehmenden - horizontalen Drehachsen des Fördermittels, so daß die in allen Richtungen gemessenen Beschleunigungen grundsätzlich nur Werte des Meßgeräte-Aufstellungsortes sind, die im allgemeinen nicht auf andere Stellen des Fördermittels umgerechnet werden können.

## 4. Meß- und Auswerteverfahren

### 4.1 Durchführung einer Beschleunigungsmessung

Die Messungen werden auf den Fördermitteln bei voller, sonst üblicher Fördergeschwindigkeit durchgeführt. Durch entsprechende Aufstellung des Zweikomponenten-Beschleunigungsschreibers und des Teufengebers werden die Beschleunigungskomponenten des Fördermittels und die zugehörigen Fahrwege aufgeschrieben. Abbildung 9 zeigt ein Meßfahrtdiagramm mit den aufgezeichneten Horizontalbeschleunigungen eines Fördergefäßes. Die Fahrtruhe des Fördergefäßes und der Zustand der Führungseinrichtungen können in diesem Beispiel als gut bezeichnet werden.

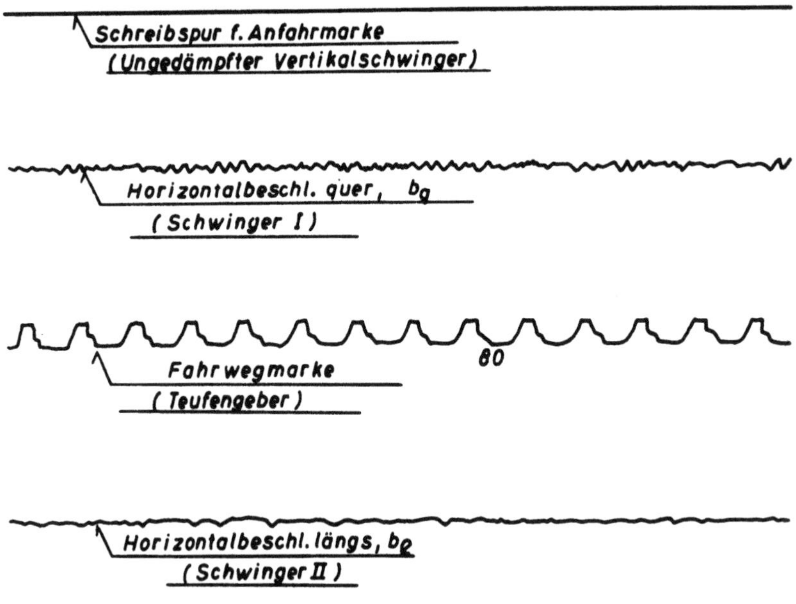

Abbildung 9
Ausschnitt eines Meßfahrtdiagrammes

Bei der Meßfahrt, die ohne Bedienungspersonal für die Meßgeräte von der Hängebank zur tiefsten Sohle und zurück geht, müssen die Lasten den normalen Betriebslasten entsprechen.

Da das Fördermittel bei einmaligem Treiben erfahrungsgemäß nicht von allen Unebenheiten der Schachtführungseinrichtungen zu Erschütterungsstößen angeregt wird, ist zu empfehlen, mit gleichbleibender Aufstellung des Meßgerätes mehrere Fahrten durchzuführen. Bei späteren Vergleichsmessungen ist es wichtig, den Beschleunigungsschreiber wieder am gleichen Platz aufzustellen, auf dem er bei der ersten Messung stand. Die Belastungen und die Fördergeschwindigkeit müssen bei Vergleichsmessungen die gleichen sein wie bei der Grundmessung.

### 4.2 Auswertung und Beurteilung der Meßfahrtdiagramme

Die mit dem Zweikomponenten-Beschleunigungsschreiber gewonnenen Diagramme können nach Frequenz der Schwingung [Hz], Beschleunigung [m/s$^2$] und Fahrweg ausgewertet werden. Die Verwendung einer Auswertelupe mit Gitternetz (Abb. 10) erleichtert die Auswertung.

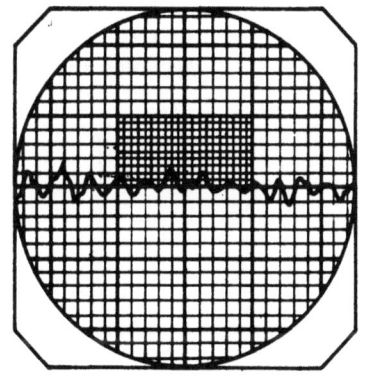

A b b i l d u n g  10
Blick durch die Auswertelupe

Da der Papiervorschub des Gerätes konstant 10 mm/s beträgt, kann die Frequenz einfach bestimmt werden.

Zur Ermittlung der Beschleunigung eines Vorganges mißt man zunächst die Auslenkung der Schreibfeder aus der Ruhelage, d.h. die Schreibhöhe "a". Beträgt nach der Eichkurve des Gerätes die Schreibhöhe für eine Beschleunigung von 1 g bei einer bestimmten Frequenz (f) a' [mm], so errechnet sich die Beschleunigung (b) zu

$$b = \frac{1g}{a'} \cdot a = \frac{9{,}81}{a'} \cdot a \ [m/s^2].$$

Zeitsparender, jedoch weniger genau wird die Auswertung, wenn bis zu einer oberen Grenzfrequenz - bei der Eichkurve in Abbildung 6 z.B. bis 14 Hz - ein mittlerer konstanter Wiedergabemaßstab an Stelle der Einzelwerte der Eichkurve verwendet wird. Die dann bei der Bestimmung der Beschleunigung auftretenden Fehler - bis zu $\pm$ 10 % - können im allgemeinen als tragbar angesehen werden.

Nachdem alle zusammengehörigen Diagramme auch in bezug auf den Fahrweg bzw. die Teufe ausgewertet sind, können die ermittelten Beschleunigungen in einem neuen Bild als Beschleunigung über dem Fahrweg (Teufe) wiedergegeben werden (Abb. 11). Bei einer solchen Darstellung können die gemessenen mittleren und kleinen Beschleunigungen, die unterhalb eines evtl. für jeden Schacht anders zu wählenden Grenzwertes liegen, vernachlässigt werden. Die in der Abbildung 11 dargestellten teilweise erheblichen Beschleunigungen lassen auf einen mangelhaften Zustand der Führungseinrichtungen dieses Schachtes schließen. Die Fahrtruhe des Fördermittels muß als unzureichend bezeichnet werden.

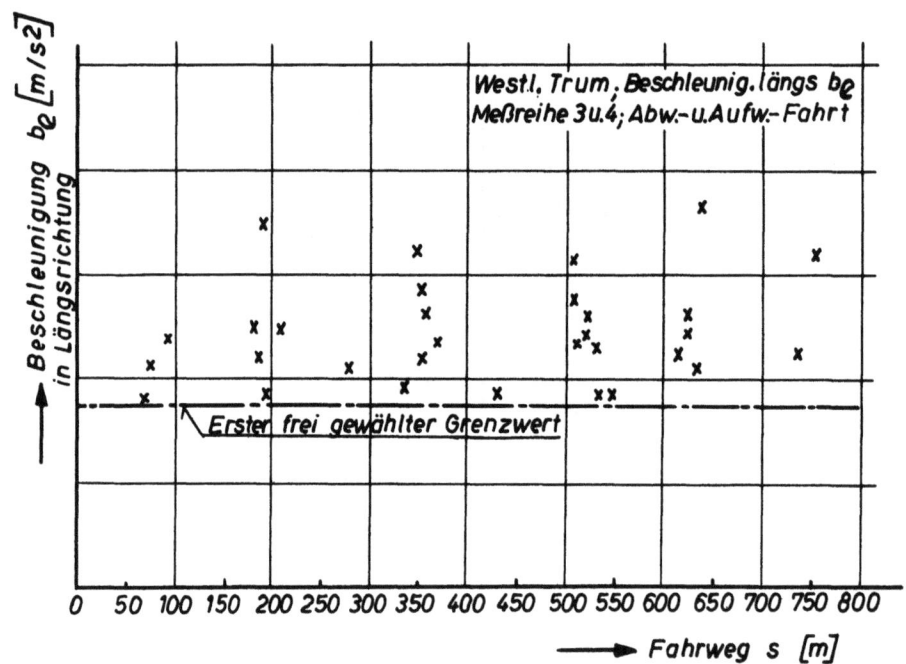

Abbildung 11

Beschleunigungen in Abhängigkeit vom Fahrweg

Die Beschleunigungen, über dem Fahrweg aufgetragen, kennzeichnen sehr eindrucksvoll, oftmals schwerpunktsmäßig, die schlechten, reparaturbedürftigen Strecken der Spurlattenstränge.

Bei der vergleichenden Betrachtung von Meßfahrtdiagrammen ist die zeitraubende Einzelauswertung eines aufgezeichneten Vorganges nicht erforderlich. Das neue Diagramm wird mit dem entsprechenden Meßfahrtdiagramm der vorangegangenen letzten Messung nur in bezug auf die Größe der aufgezeichneten Schreibfederausschläge verglichen. Für die Stellen größter Ausschläge der Meßwerte werden die zugeordneten Teufen ermittelt. Die vergleichende Betrachtung von Diagrammen gibt Hinweise auf eine Änderung des Zustandes der Führungseinrichtungen, z.B. infolge von Reparaturarbeiten im Schacht. Der Zweikomponenten-Beschleunigungsschreiber eignet sich besonders durch dieses sehr einfache Auswerteverfahren als Betriebsmeßgerät zur regelmäßigen Überwachung des Zustandes der Schachtführungseinrichtungen.

Die gemessene Beschleunigung dient - wie bereits ausgeführt wurde - als Maß für die Beeinträchtigung der Fahrtruhe eines Fördermittels. <u>Der Beurteilung</u> der Fahrtruhe lassen sich Wertungszahlen zugrunde legen, die aus den Ergebnissen einer größeren Anzahl von Beschleunigungsmessungen gewonnen wurden. Danach ist die Fahrtruhe eines Förderkorbes bei normaler Förderlast mit der Wertungszahl 3, d.h. als noch ausreichend zu beurteilen, wenn die in den Meßfahrtdiagrammen aufgeschriebenen horizontalen Beschleunigungen in Längsrichtung des Förderkorbes 5 $m/s^2$ und in Querrichtung 8 $m/s^2$ nicht überschreiten. Die Fahrtruhe kann als gut angesehen und mit der Wertungszahl 2 bezeichnet werden, wenn die aufgeschriebenen Beschleunigungen gleich oder kleiner sind als 3 $m/s^2$ in Längsrichtung und 5 $m/s^2$ in Querrichtung des Förderkorbes. Als sehr gut und mit der Wertungszahl 1 zu beurteilen ist die Fahrtruhe von Förderkörben, deren Horizontalbeschleunigungen unter 2 $m/s^2$ in der Längsrichtung und unter 3 $m/s^2$ in der Querrichtung betragen. Bei einem leeren Förderkorb ist wegen der geringeren Masse die Fahrtruhe günstiger zu beurteilen. Bei Fördergefäßen, bei denen die am Erschütterungsstoß beteiligten Massen im allgemeinen größer sind als bei gleich schweren Förderkörben, sind die gemessenen Beschleunigungen besonders vorsichtig zu bewerten.

Erfahrungsgemäß treten größere Beschleunigungen dann auf, wenn z.B. zwei Spurlatten an ihrer Stoßstelle nicht genau fluchten, d.h. gegeneinander versetzt oder geneigt sind. Schon wenn zwei Spurlatten an der Stoßstelle etwa um 3 mm versetzt sind, treten meßbare Horizontalbeschleunigungen der Fördermittel auf, deren Größe auch von der Fördergeschwindigkeit abhängig ist. Werden die schlechten Übergänge von einer Spurlatte zur anderen auf große Länge beigearbeitet, wird die Fahrtruhe eines Fördermittels verbessert. Die schlechten flankenflächigen Stellen der Spurlatten können auf Grund der aufgezeichneten Beschleunigungen verhältnismäßig leicht im Schacht gefunden werden. Die Stellen der großen Beschleunigungen in Längsrichtung der Fördermittel sind im Schacht schon schwieriger wiederzufinden, da die Stirnseiten beider Spurlattenstränge eines Trumes schwingungsanregend wirken können. Selbst wenn aber die Stoßstellen der Spurlatten eines Spurlattenstranges fluchten, können erfahrungsgemäß einzelne Spurlatten durchgebogen sein oder sich etwas gedreht haben, wodurch die Fördermittel zu Schwingbewegungen angeregt werden. Nach markscheiderischen Angaben waren in einem bestimmten Falle 9 m lange Spurlatten bis zu 3 cm durchgebogen. Derartige Feststellungen erfordern aber bereits die Mithilfe der Markscheiderei einer Zeche. Man muß bedenken, daß z.B. bei einer Schieflage des Schachtes ein auf große Länge stark vorgespannter Bindedraht - mit dem die Schachthauer gern als Ersatz für das Lot arbeiten - um einige Zentimeter durchhängen kann, wodurch die Bezugslinie bereits ungenau wird. Die Erfahrungen haben gezeigt, daß eine Lücke bis zu 30 mm an der Stoßstelle zweier Spurlatten keinen nennenswerten Einfluß auf die Fahrtruhe eines Fördermittels hat, wenn die Spurlatten genau fluchten und z.B. bei rollengeführten Fördermitteln die Rollenvorspannung gering ist.

## 5. Beispiele von Beschleunigungsmessungen an Förderkörben und -gefäßen

Mit Rücksicht auf die drucktechnischen Schwierigkeiten können die Diagramme nicht in ihrer vollen Länge wiedergegeben werden. An Hand weniger Ausschnitte aus Meßfahrtdiagrammen sollen einige Beispiele erörtert werden.

Da der Papiervorschub des Zweikomponenten-Beschleunigungsschreibers als Funktion der Zeit arbeitet, entsprechen gleich langen Diagrammausschnitten gleiche Meßzeiten, aber keineswegs gleiche Fahrwege. Die Abstände zweier Wegmarken werden um so kleiner, je größer die Fördergeschwindigkeit ist. Zur Zeit der Aufnahme der Diagramme stand der Teufengeber noch nicht zur Verfügung, so daß damals die Fahrwegmarken noch aus einem an der Fördermaschine aufgenommenen Weg-Zeit-Diagramm ermittelt werden mußten. Bei der Aufnahme aller Meßfahrtdiagramme, die nachfolgend als Beispiele gezeigt werden, befand sich der Zweikomponenten-Beschleunigungsschreiber auf dem Dach des Fördermittels. In Anlehnung an die bereits vorstehend gegebenen Begriffsbestimmungen sind die aufgeschriebenen Beschleunigungen entsprechend den einzelnen Komponenten mit "vertikal", "längs" und "quer..." in den Diagrammen bezeichnet.

Beispiel 1. Die Treibscheibe einer Zwillings-Dampfmaschine hat einen Durchmesser von 7,0 m. Die wechselnden Drehmomente der Dampfmaschine, die am Umfang dieser Treibscheibe periodische Kräfte auf das Förderseil übertragen, können zur Resonanz mit einer Eigenschwingung des Korb-Seil-Systems führen. In Abbildung 12 ist zu erkennen, daß der von der Hängebank abwärtsfahrende Förderkorb nach etwa 50 m Fahrweg kurzzeitig zu Resonanzschwingungen in vertikaler Richtung angeregt wird. Die Sinusform dieser Schwingungen wird durch die kreisbogenförmige Aufschreibung geringfügig verzerrt wiedergegeben.

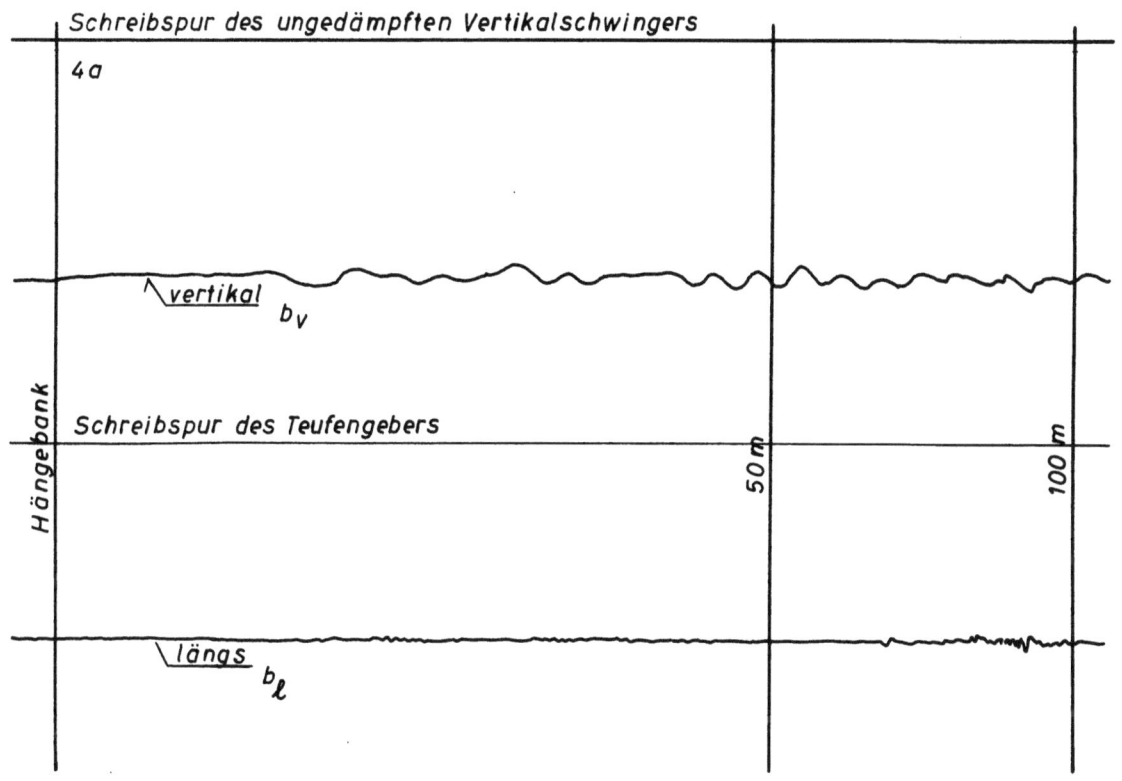

A b b i l d u n g  12

Beschleunigungsdiagramm eines von der Hängebank
abwärtsfahrenden Förderkorbes (Dampffördermaschine)

Die Frequenz der vertikalen Korbschwingung beträgt an dieser Stelle etwa 1,8 Hz. Aus dem hier nicht gezeigten Weg-Zeit-Diagramm der Fördermaschine kann entnommen werden, daß nach 50 m Fahrweg die Fördergeschwindigkeit für kurze Zeit etwa 9,7 m/s betrug. Hieraus errechnet sich die 4. harmonische Maschinenschwingung unter Berücksichtigung des Treibscheibendurchmessers zu rd. 1,8 Hz, so daß die Korbschwingungen als

Resonanzschwingungen erkannt sind. Da die gerade von der Seilscheibe ablaufende Seilstrecke einschließlich der Einbandstelle des Seiles bei dieser Korbstellung um das Gewicht des Unterseiles stärker belastet ist als am Füllort, sind die resonanzbedingten dynamischen Kräfte hier besonders groß. In der genannten Oberseilstrecke können gegebenenfalls vorzeitig Ermüdungsdrahtbrüche auftreten.

Beispiel 2. In der Abbildung 13 ist das Vertikalbeschleunigungsdiagramm eines Gefäßes wiedergegeben. Die Förderanlage ist mit einer elektrischen Gleichstromfördermaschine ausgerüstet.

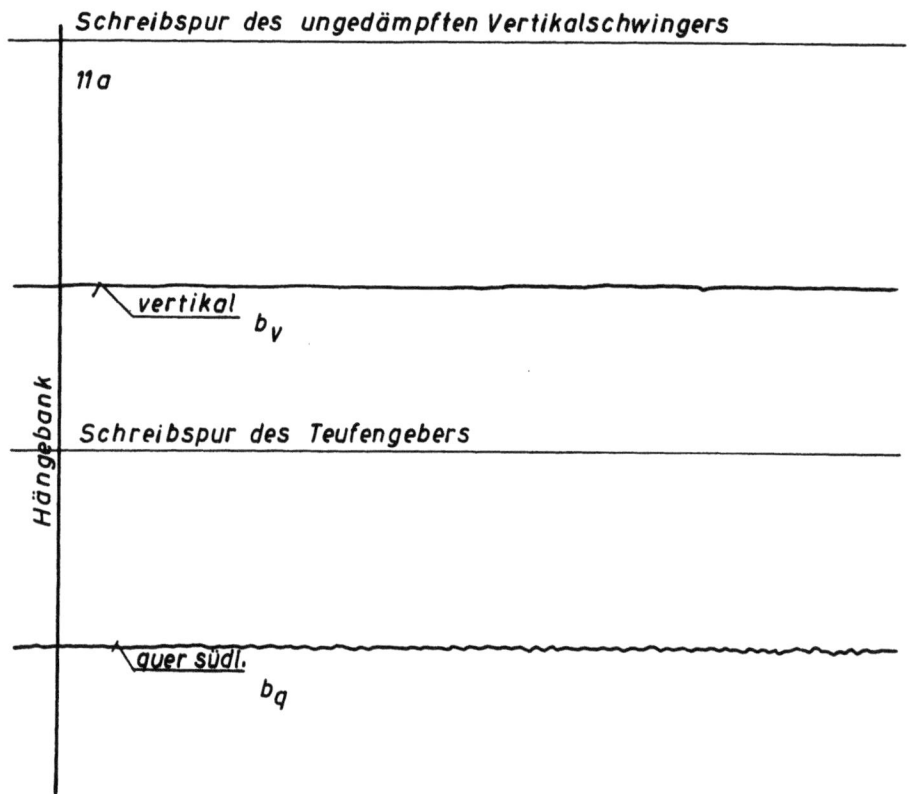

A b b i l d u n g  13
Beschleunigungsdiagramm eines von der Hängebank
(Entladestelle) abwärtsfahrenden Fördergefäßes
(elektrische Fördermaschine)

Das Fördergefäß wird - in der Abbildung 13 kaum erkennbar - gleichmäßig beschleunigt, wobei keine Schwingbewegung in vertikaler Richtung zu erkennen ist, d.h. es sind, ausgenommen in der Anfahr- und Bremsperiode, keine nennenswerten zusätzlichen dynamischen Kräfte wirksam. Bei elektrischem Antrieb werden nur selten Resonanzen mit dem Fördermittel-Seil-System beobachtet, wenn von solchen abgesehen wird, die durch einen unrunden Lauf der Treibscheibe oder der Seilscheiben verursacht werden. J. GEIGER berichtet von einem Fall [5], bei dem ein geringes wechselndes Drehmoment der Treibscheibe einer elektrischen Fördermaschine den Förderkorb und den Förderturm einer Schachtanlage in heftige Schwingungen versetzte. Wie er angibt, stimmte in diesem Falle die Schwingzahl nicht mit der niedrigen Drehzahl der Treibscheibe überein, sondern entsprach genau dem Produkt aus momentaner Drehzahl und Kollektorlamellenzahl der beiden Gleichstrommotoren. Nachdem die Anker der beiden Fördermotoren in der Keilnut gerade um eine halbe Kollektorlamellenteilung gegeneinander versetzt waren, trat die Resonanz nicht mehr auf.

Beispiel 3. In der Abbildung 14 sind die Vertikalbeschleunigungen eines vom Füllort aufwärtsfahrenden Förderkorbes zu erkennen. Die Förderanlage ist mit einer Zwillings-Dampfmaschine ausgerüstet. Etwa 2 Sekunden nach dem Anfahren setzen starke Schwingungen ein, die von den Kolbenkräften der Dampfmaschine angeregt werden.

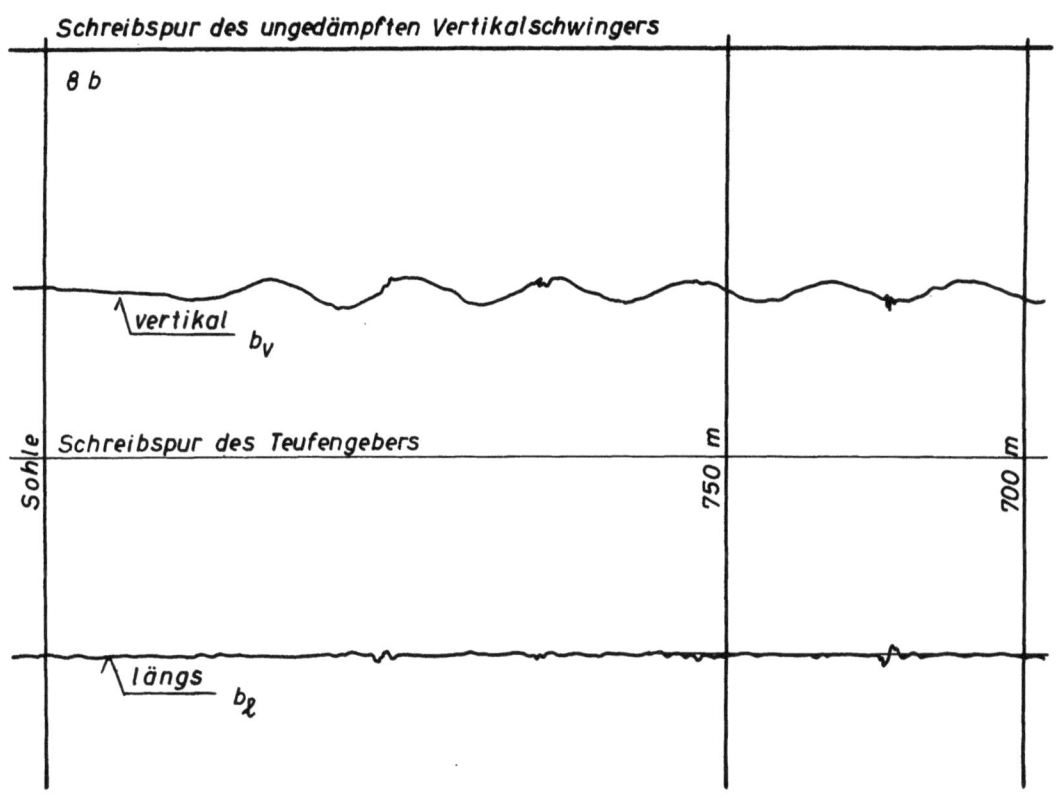

Abbildung 14

Beschleunigungsdiagramm eines vom Füllort
aufwärtsfahrenden Förderkorbes (Dampffördermaschine)

Vertikale Förderkorbschwingungen der in Abbildung 14 wiedergegebenen Größe können, wenn sie über längere Zeit andauern, das Unterseil zu kräftigem Hin- und Herschlagen veranlassen, wodurch das Unterseilholz herausgerissen oder gar das Unterseil beschädigt werden kann.

Beispiel 4. Beim Anfahren einer elektrischen Fördermaschine ist der vertikalen Anfahrbeschleunigung des vom Füllort aufwärtsgehenden Fördermittels im allgemeinen keine oder nur eine geringe Schwingbeschleunigung überlagert (Abb. 15).

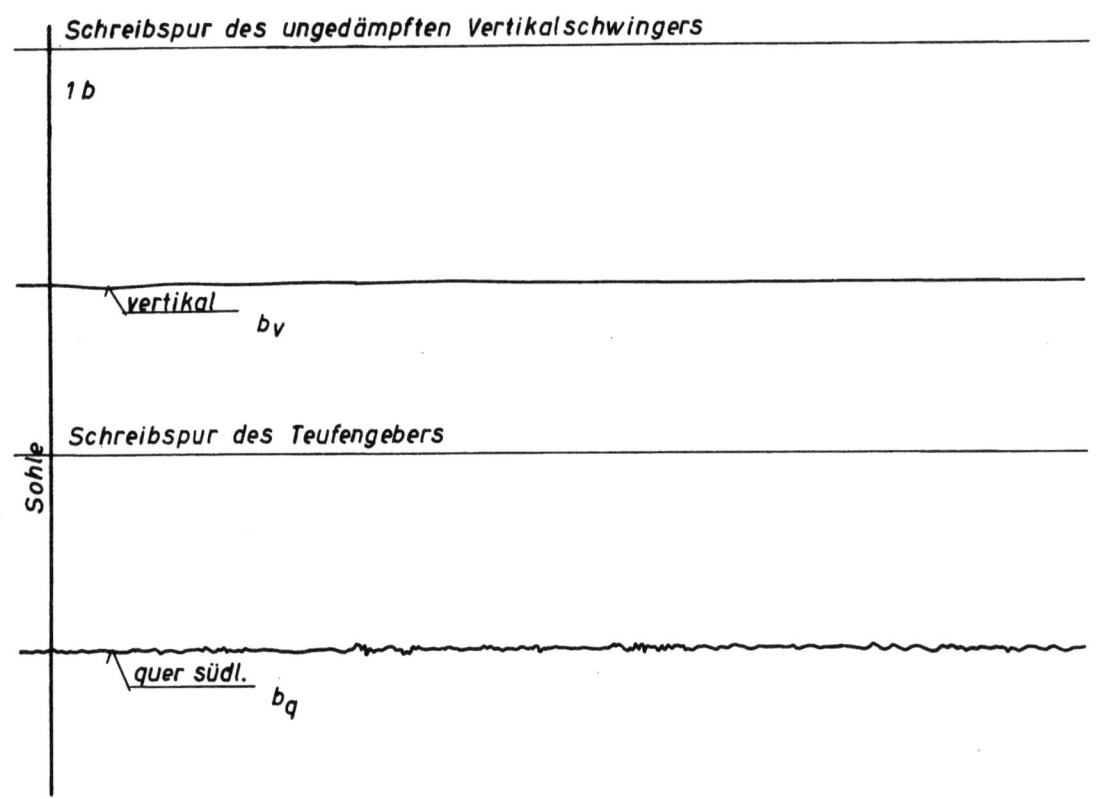

Abbildung 15
Beschleunigungsdiagramm eines vom Füllort
aufwärtsfahrenden Fördergefäßes (elektr. Fördermaschine)

Die zusätzlichen dynamischen Seilkräfte werden nur durch die gleichmäßige Beschleunigung der Massen hervorgerufen. Sie sind im Vergleich zu den statischen Kräften klein.

Beispiel 5. Die Abbildungen 16 und 17 zeigen zwei Beschleunigungsdiagramme aus Messungen an einer Förderanlage mit elektrischer Fördermaschine. Die Förderung wird mit Fördergefäßen betrieben, die durch Rollen an hölzernen Spurlatten geführt werden. Beide Diagramme beziehen sich auf denselben Fahrweg.

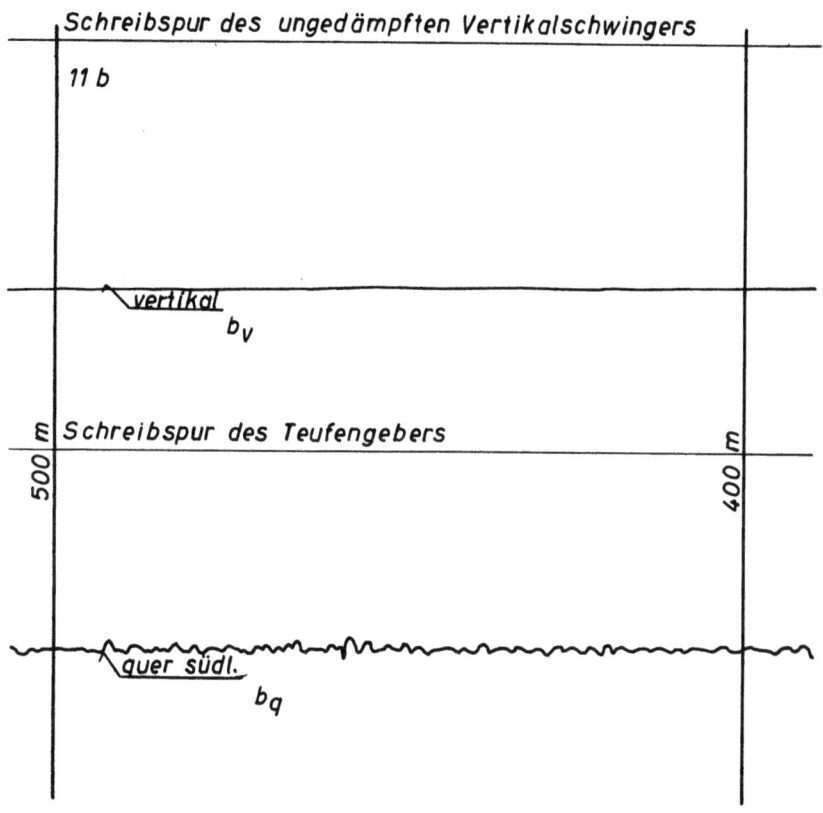

Abbildung 16
Beschleunigungsdiagramm als Beispiel
eines guten Zustandes der Schachteinbauten

Dir Fördergeschwindigkeit beträgt 12 m/s. Die vertikalen Schwingbeschleunigungen, Abbildung 16, des mit konstanter Geschwindigkeit fahrenden Gefäßes sind praktisch Null. Die in Abbildung 16 und 17 wiedergegebenen Horizontalbeschleunigungen in Querrichtung des Gefäßes am südlichen und nördlichen Spurlattenstrang sind klein.

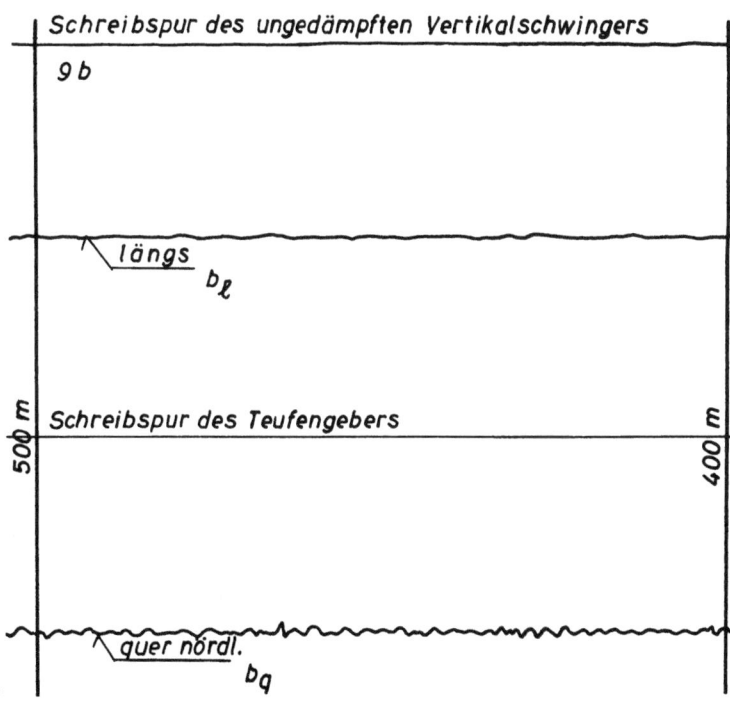

Abbildung 17
Beschleunigungsdiagramm als Beispiel eines guten Zustandes der Schachteinbauten

Die Horizontalbeschleunigung in Längsrichtung - vergl. Abbildung 17 - ist sehr gering. Die Fahrtruhe dieses Fördergefäßes ist als sehr gut zu bezeichnen. Eine solche Fahrtruhe wird nur selten erreicht, weil Fördergefäße erheblich höhere Ansprüche an den Zustand der Schachtführungseinrichtungen stellen als Förderkörbe. Die Einbauten dieses Schachtes waren allerdings an Hand der Ergebnisse zweier vorangegangener Beschleunigungsmessungen überarbeitet worden.

Beispiel 6. Nach Erneuerung der hölzernen Einbauten eines Schachtes wurde die Förderung mit einer Geschwindigkeit von zunächst 12 m/s aufgenommen, wobei bereits eine mangelhafte Fahrtruhe der Förderkörbe empfunden wurde. Die Förderkörbe sollen nun mit Rollenführungen ausgerüstet und anschließend die Fördergeschwindigkeit auf 18 m/s erhöht werden. Eine Untersuchung der dynamischen Vorgänge sollte die Frage klären, ob die Fördergeschwindigkeit unbedenklich erhöht werden konnte. Die Untersuchung erfolgte so, daß zunächst an einem Tage die horizontalen Beschleunigungen der noch mit starren Führungsschuhen ausgerüsteten Körbe bei Geschwindigkeiten von 12 m/s und 18 m/s gemessen wurden. Zwei Tage später wurden unter gleichen Versuchsbedingungen erneut die Horizontalbeschleunigungen ermittelt bei nunmehr rollengeführten Förderkörben.

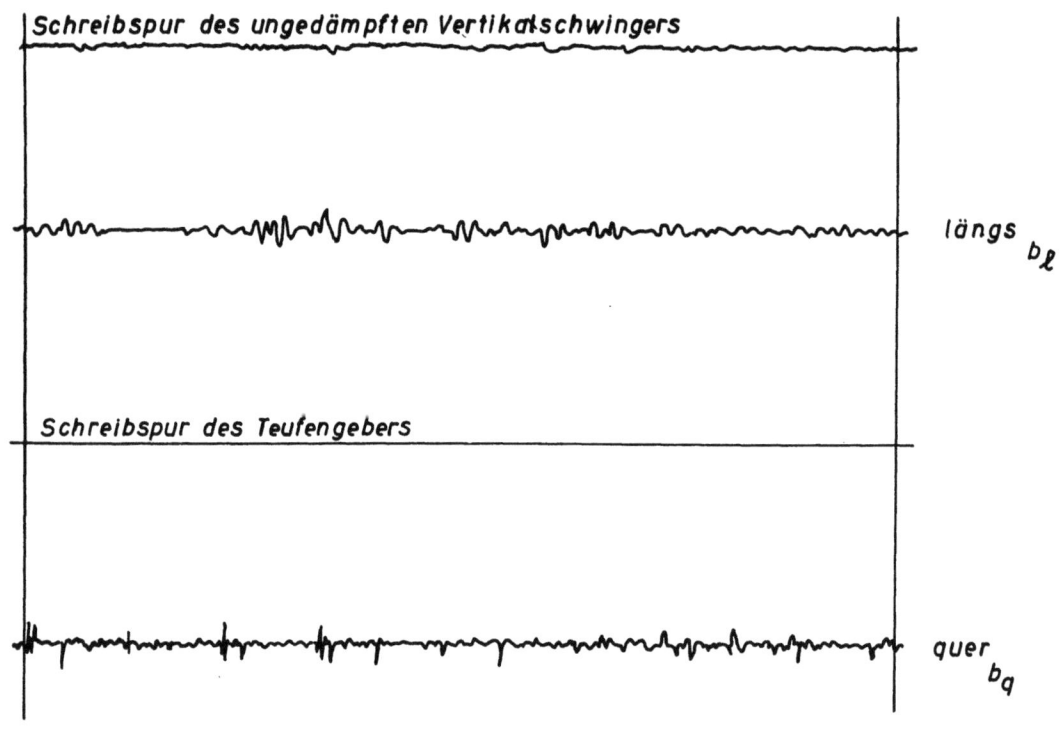

A b b i l d u n g  18

Horizontalbeschleunigungen in Längs- und Querrichtung
eines Förderkorbes bei einer Fördergeschwindigkeit von
12 m/s (starre Führungsschuhe)

Aus der Abbildung 18 ist zu erkennen, daß der Zustand der Schachteinbauten zum Zeitpunkt der Messung an einigen Stellen mangelhaft war. Man muß berücksichtigen, daß es sich um unverschlissene, hölzerne Spurlatten und Einstriche handelte, und daß die Diagramme bei einer Geschwindigkeit von nur 12 m/s des mit vollen Wagen beladenen aufwärtsgehenden Förderkorbes aufgenommen worden sind.

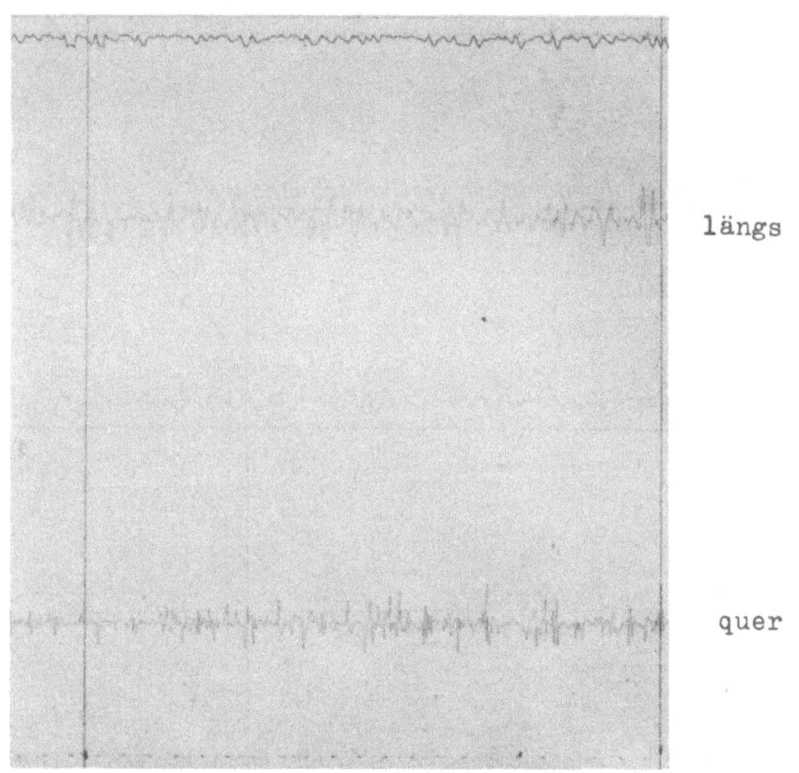

A b b i l d u n g  19
Horizontalbeschleunigungen in Längs- und Querrichtung
eines Förderkorbes bei einer Fördergeschwindigkeit
von 18 m/s (starre Führungsschuhe)

Mit Erhöhung der Fördergeschwindigkeit auf 18 m/s wurden die Beschleunigungsamplituden wesentlich größer bei gleichzeitig steigender Anzahl (Abb. 19). Bemerkenswert ist, daß die Frequenzen der stoßerregten Beschleunigungen in Querrichtung des Förderkorbes bei höherer Fördergeschwindigkeit teilweise wesentlich größer waren als bei niedriger Fördergeschwindigkeit. Die Beschleunigungen betrugen in Längsrichtung des Fördermittels nahezu 1 g und in Querrichtung oftmals erheblich mehr, so daß die Fahrtruhe völlig unzureichend war. Von einer Erhöhung der Fördergeschwindigkeit auf 18 m/s mußte also zunächst abgeraten werden.

An Hand der Ergebnisse dieser Messungen wurden in Zusammenarbeit mit der Markscheiderei der Zeche die Teufen derjenigen Stellen im Schacht ermittelt, an denen die Führungseinrichtungen überarbeitet werden sollten.

Unabhängig von den durchzuführenden Verbesserungsarbeiten an den Führungseinrichtungen wurden nach Einbau der Rollenführungen an den Förderkörben einige Meßzüge mit einer Fördergeschwindigkeit von 18 m/s gefahren. Die Schachteinbauten befanden sich noch im gleichen Zustand wie zuvor.

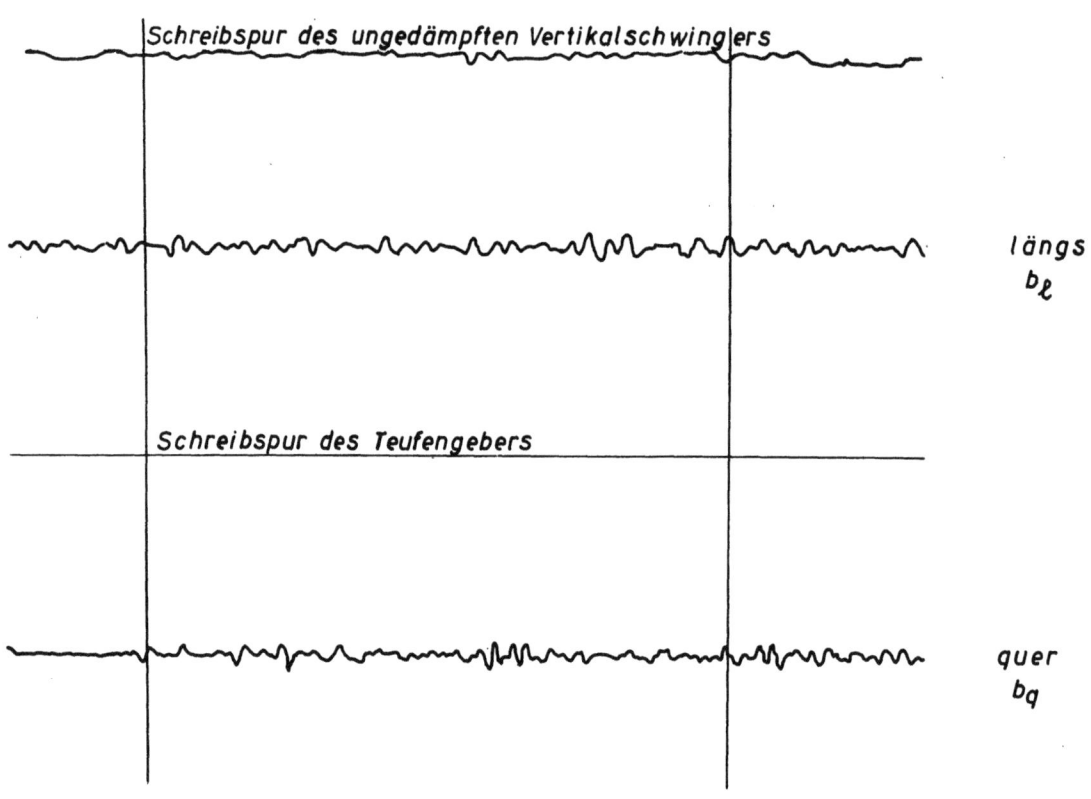

A b b i l d u n g  20

Horizontalbeschleunigungen in Längs- und Querrichtung eines rollengeführten Förderkorbes bei einer Fördergeschwindigkeit von 18 m/s

Die in Abbildung 18, 19 und 20 gezeigten Ausschnitte von Meßfahrtdiagrammen wurden so gewählt, daß sie die horizontalen Förderkorbschwingungen aus derselben Schachtteufe bei gleicher Last und für die Abbildungen 19 und 20 bei gleicher Geschwindigkeit des Förderkorbes wiedergeben. Ein Vergleich der Abbildungen 19 und 20 läßt eindeutig den günstigen Einfluß der Rollenführungen auf die Fahrtruhe des Förderkorbes erkennen. Wird die Abbildung 20 mit der Abbildung 18 verglichen, so muß festgestellt werden, daß die bei einer Fördergeschwindigkeit von 18 m/s auftretenden horizontalen Beschleunigungen in Längs- und Querrichtung des rollengeführten Förderkorbes nicht größer sind als die bei einer Fördergeschwindigkeit von 12 m/s auftretenden Horizontalbeschleunigungen des mit starren Führungsschuhen versehenen Förderkorbes. Das Ergebnis dieses Vergleiches rechtfertigt jedoch nicht die Schlußfolgerung, daß bei einem schlechten Zustand der Führungseinrichtungen Rollenführungen eingesetzt werden sollten, um die Fahrtruhe der Fördermittel dadurch zu verbessern. Wenn man Rollenführungen an verschlissenen Spurlatten verwenden will, sollten vorher stets Schwingungsmessungen durchgeführt werden. Die bisherigen Erfahrungen haben gezeigt, daß der Einsatz von Rollenführungen bei schlechtem Zustand der Spurlattenstränge im allgemeinen nicht zu empfehlen ist. Die Einstellung der Rollen auf ein bestimmtes Spurmaß oder auf einen bestimmten Anpreßdruck kann zusätzlich einen erheblichen Einfluß auf die Fahrtruhe eines Fördermittels haben.

Das Beispiel beweist, daß man die Rollenführung als Zwischenschaltung eines elastischen und zumindest werkstoffgedämpften Konstruktionsteiles betrachten kann, durch das ein Kraftimpuls, der einer horizontalen Korbschwingung zugrunde liegt, eine Zeitdehnung derart erfährt, daß die Dauer des Impulses verlängert und die wirkende Kraft entsprechend kleiner wird.

Wenn nach der Auswertung und Beurteilung der mit dem Zweikomponenten-Beschleunigungsschreiber aufgenommenen Meßfahrtdiagramme die Schachtreparaturarbeiten jeweils an den schlechten Strecken der Führungseinrichtungen erfolgen, werden die dynamischen Verhältnisse der Fördereinrichtung nach und nach besser werden, wodurch zweifelsohne der Verschleiß an den Spurlatten ebenfalls geringer wird.

Wird also - ganz allgemein gesprochen - die Fahrtruhe eines Fördermittels verbessert, dann wird die Betriebssicherheit erhöht und gleichzeitig der für die Zukunft zu erwartende Reparatur- und Instandhaltungsaufwand, z.B. für die Schachtführungseinrichtungen und für die Fördermittel, gesenkt. Gleichzeitig wird, wenn die Fahrtruhe auch in vertikaler Richtung verbessert wird, das Ober- und Unterseil dynamisch weniger beansprucht, so daß sie vor vorzeitigen Drahtbrüchen oder anderen Schäden weitgehend bewahrt werden.

## 6. Zusammenfassung

Die größtmögliche Fahrtruhe eines Fördermittels kann nur erreicht und erhalten werden, wenn die Fördereinrichtung auf ihre dynamischen Vorgänge hin möglichst regelmäßig überprüft wird. Hierzu genügen bereits vergleichende Betrachtungen einer aufgeschriebenen Meßgröße mechanischer Schwingungen, jedoch unter der Voraussetzung, daß die Versuchsbedingungen für alle später zu wiederholenden Meßfahrten stets die gleichen sind wie die, unter denen das Ursprungsdiagramm aufgenommen wurde. Als für den vorliegenden Zweck geeignete Meßgröße mechanischer Schwingungen wird die "Beschleunigung" angesehen.

Beschrieben wird ein mechanisch arbeitender Zweikomponenten-Beschleunigungsschreiber, der in Zusammenarbeit mit mehreren Stellen entwickelt und von der Zentralwerkstatt der Max-Planck-Gesellschaft, Göttingen, gebaut wurde. Das Meßgerät wurde von der Seilprüfstelle geeicht, erprobt und vielfach eingesetzt. Der Beschleunigungsschreiber kann in allen Haupt- und Blindschachtförderanlagen verwendet werden, weil er keinerlei elektrische Einrichtungen enthält. Das Gerät schreibt - zweckentsprechend auf dem Fördermittel angebracht - die Beschleunigungen auf, die das Fördermittel während des Treibens bei einer Schwingbewegung in vertikaler und einer horizontalen oder in zwei horizontalen, zueinander rechtwinkligen Komponenten erfährt. Ein auf dem Fördermittel befestigtes luftbereiftes Rad, das an einem der beiden Spurlattensträhge abrollt, gibt über eine biegsame Welle Fahrwegmarken auf das Beschleunigungsdiagramm. Der Zeitaufwand für die Auswertung der Fahrwegmarken wird gegenüber dem bisherigen Verfahren zur Fahrwegbestimmung wesentlich herabgesetzt. Die Genauigkeit in der Fahrwegangabe wird bei Verwendung des beschriebenen Teufengebers verbessert.

Die Meßwertaufzeichnungen des Zweikomponenten-Beschleunigungsschreibers können bezüglich Amplitude, Frequenz und zugeordnetem Fahrweg (Teufe) unmittelbar ausgewertet werden. Die aus der Auswertung der Meßfahrtdiagramme gezogenen Schlußfolgerungen geben nicht nur wesentliche Hinweise für die Schachtinstandhaltungsarbeiten, sondern auch Aufschluß über die dynamischen Beanspruchungen der Förderseile.

Das Gerät ist für betriebliche Messungen der Horizontalbeschleunigungskomponenten eines Fördermittels geeignet. Die Messung der Vertikalbeschleunigungskomponente sollte nicht als Betriebsmessung durchgeführt werden, sondern nur durch Institute erfolgen, weil zur Beurteilung vertikaler Schwingungen eines Fördermittels weitere Messungen an der Fördermaschine oder am Förderhaspel erforderlich sind.

Dipl.-Ing. Willi GÖTZMANN

## 7. Literaturverzeichnis

[1] HERBST, H.     Dynamische Beanspruchungen von Förderseilen.
Bericht der Versuchsgrubengesellschaft, Heft 5 (1934)

[2] METTLER, E. und S. BÄR     Über Seilschwingungen in Schachtförderanlagen.
Zeitschrift "Glückauf" Jahrgang 85 (1949) Heft 47/48, S. 849/61

[3] BÄR, S.     Die Beanspruchung der Einbauten von Förderschächten durch waagerechte Kräfte.
Zeitschrift "Glückauf", Jahrgang 89 (1953) Heft 7/8, S. 156/68

[4] BÄR, S.     Fortschritte der Fördertechnik auf dem Gebiet der Schachtförderung seit der Bergbau-Ausstellung 1954.
Zeitschrift "Schlägel & Eisen" Jahrgang (1958), Heft 9, S. 666/679

[5] GEIGER, J.     Bemerkenswerte Schwingungen an Türmen und ihre Beseitigung.
"Der Bauingenieur" 32 (1957) Heft 7

# FORSCHUNGSBERICHTE DES LANDES NORDRHEIN-WESTFALEN

Herausgegeben durch das Kultusministerium

## BERGBAU

**HEFT 16**
*Max-Planck-Institut für Kohlenforschung, Mülheim a. d. Ruhr*
Arbeiten des MPI für Kohlenforschung
*1953, 104 Seiten, 9 Abb., DM 17,80*

**HEFT 25**
*Gesellschaft für Kohlentechnik mbH., Dortmund-Eving*
Struktur der Steinkohlen und Steinkohlen-Kokse
*1953, 58 Seiten, DM 11,—*

**HEFT 30**
*Gesellschaft für Kohlentechnik mbH., Dortmund-Eving*
Kombinierte Entaschung und Verschwelung von Steinkohle; Aufarbeitung von Steinkohlenschlämmen zu verkokbarer oder verschwelbarer Kohle
*1953, 56 Seiten, 16 Abb., 10 Tabellen, DM 10,50*

**HEFT 31**
*Techn. Überwachungsverein e. V., Essen*
Messung des Leistungsbedarfs von Doppelsteg-Kettenförderern
*1954, 54 Seiten, 18 Abb., 3 Anlagen, DM 11,—*

**HEFT 40**
*Amt für Bodenforschung, Krefeld*
Untersuchungen über die Anwendbarkeit geophysikalischer Verfahren zur Untersuchung von Spateisengängen im Siegerland
*1953, 46 Seiten, 8 Abb., DM 8,80*

**HEFT 58**
*Gesellschaft für Kohlentechnik mbH., Dortmund-Eving*
Herstellung und Untersuchung von Steinkohlenschwelteer
*1954, 74 Seiten, 9 Abb., 9 Tabellen, DM 13,75*

**HEFT 120**
*Dipl.-Ing. A. Weisbecker, Lüdenscheid*
Über Anfressung an Reinstaluminium-Schweißnähten bei der elektrolytischen Oxydation
*Gebr. Hörstermann GmbH., Velbert*
Entwicklung und Erprobung eines neuartigen Gummibandförderers
*1955, 46 Seiten, 18 Abb., DM 9,70*

**HEFT 123**
*Dipl.-Ing. J. Emondts, Aachen*
Über Bodenverformungen bei stark gestörtem und mächtigem, wasserführendem Deckgebirge im Aachener Steinkohlengebiet
*1955, 196 Seiten, 37 Abb., 10 Tabellen, DM 28,80*

**HEFT 139**
*Prof. Dr. W. Fuchs †, Aachen*
Studien über die thermische Zersetzung der Kohle und die Kohlendestillatprodukte
*1955, 64 Seiten, 20 Abb., 22 Tabellen, DM 11,80*

**HEFT 179**
*Dipl.-Ing. H. F. Reineke, Bochum*
Entwicklungsarbeiten auf dem Gebiete der Meß- und Regeltechnik
*1955, 46 Seiten, 10 Abb., DM 10,—*

**HEFT 248**
*Rheinische Aktiengesellschaft für Braunkohlenbergbau und Brikettfabrikation, Köln*
Untersuchung der Bindemitteleigenschaften von Braunkohlenfilteraschen
*1956, 176 Seiten, 26 Abb., 30 Tabellen, DM 35,60*

**HEFT 252**
*Dipl.-Ing. H. Frings, Geilenkirchen*
Die Wirkung abfallender Wetterführung auf Wettertemperatur, Grubengasgehalt und Staubbildung
*1957, 118 Seiten, 15 Abb., 23 Tabellen, z. T. auf großformatigen Falttafeln, DM 35,70*

**HEFT 253**
*Dipl.-Ing. S. Schirmanski, Berghausen*
Stand und Auswertung der Forschungsarbeiten über Temperatur- und Feuchtigkeitsgrenzen bei der bergmännischen Arbeit
*1957, 70 Seiten, 24 Abb., 12 Tabellen, DM 17,10*

**HEFT 258**
*Dr. H. Paul, Linz (Rhein) und Prof. Dr. O. Graf, Dortmund*
Zur Frage der Unfälle im Bergbau
*1956, 52 Seiten, 9 Abb., 22 Tabellen, DM 11,20*

**HEFT 269**
*Markscheider R. Bals, Bochum*
Eignung des Gebirgsankerausbaus zur Erleichterung des Streckenvortriebs im Steinkohlenbergbau
*1956, 84 Seiten, 41 Abb., DM 18,75*

**HEFT 337**
*Dr. R. Hoeppener und Dr. W. Bierther, Bonn*
Tektonik und Lagerstätten im Rheinischen Schiefergebirge
*1957, 66 Seiten, 14 Abb., DM 16,25*

**HEFT 343**
*Prof. Dr.-Ing. W. Petersen und Dipl.-Ing. S. Wawroschek, Aachen*
Die zweckmäßigsten Gütebestimmungsverfahren und Brikettierungsbedingungen bei der Erzeugung von Braunkohlen-Eisenerz-Briketts
*1956, 64 Seiten, 28 Abb., DM 13,95*

**HEFT 346**
*Dipl.-Ing. O. Arnold, Aachen*
Erfahrungen mit Kernbohrungen zur Lagerstättenuntersuchung im Erzbergbau
*1957, 36 Seiten, 2 Abb., 3 Falttafeln, 7 Tabellen, DM 8,80*

**HEFT 352**
*Dipl.-Ing. H. Fauser, Aachen*
Fahrdynamik und Batterie-Arbeitsverbrauch von Akkumulatorenlokomotiven im Untertagebetrieb
*1957, 152 Seiten, 50 Abb., 27 Diagramme, DM 36,10*

**HEFT 374**
*Dr. E. Paproth, Krefeld*
Paläontologische Bearbeitung der in den devonischen Schichten des Siegerlandes enthaltenen Faunen
*1957, 38 Seiten, 3 Tabellen, DM 8,30*

**HEFT 399**
*Prof. Dr. habil. H. E. Schwiete und Dr.-Ing. R. Vinkeloe, Aachen*
Möglichkeiten der quantitativen Mineralanalyse mit dem Zählrohrgerät unter besonderer Berücksichtigung der Mineralgehaltsbestimmung von Tonen
*1958, 102 Seiten, 34 Abb., 1 Tabelle, DM 26,70*

**HEFT 477**
*Sozialforschungsstelle an der Universität Münster zu Dortmund*
Beiträge zur Soziologie der Gemeinden. Teil I:
*Dr. K. Utermann, Dortmund*
Freizeitprobleme bei der männlichen Jugend einer Zechengemeinde
*1957, 56 Seiten, DM 12,75*

**HEFT 478**
*Prof. Dr.-Ing. habil. W. Petersen und Dr.-Ing. S. Wawroschek, Aachen*
Brikettierungsversuche zur Erzeugung von Möllerbriketts unter Verwendung von Braunkohle
*1957, 102 Seiten, 42 Abb., 6 Tabellen, DM 24,25*

**HEFT 484**
*Prof. Dr. phil. habil. H. E. Schwiete und Dr. G. Franzen, Aachen*
Beitrag zur Struktur des Montmorillonit
*1958, 76 Seiten, 23 Abb., DM 22,—*

**HEFT 490**
*Hauptstelle für Staub- und Silikosebekämpfung des Steinkohlenbergbauvereins, Essen-Rüttenscheid*
Zur Staub- und Silikosebekämpfung im Steinkohlenbergbau
*1958, 90 Seiten, 47 Abb., 7 Tabellen, DM 26,20*

**HEFT 502**
*Prof. Dr. M. Diem und Dr. R. Trappenberg, Karlsruhe*
Berechnung der Ausbreitung von Staub und Gas
*1957, 18 Seiten Text und 67 z. T. großformatige zweifarbige Diagramme, DM 37,30*

**HEFT 518**
*Dr.-Ing. H. Scheffler, Dortmund*
Funktionelle Zusammenhänge der dynamischen Einflußgrößen beim handgeführten Druckluft-Abbauhammer und ihre Berücksichtigung für die Konstruktion rückstoßarmer Hämmer
*1958, 124 Seiten, 68 Abb., 11 Tabellen, DM 34,65*

**HEFT 522**
*Dr.-Ing. J. Lorentz, Bonn und Dr.-Ing. K. Brocks, Mülheim/Ruhr*
Elektrische Meßverfahren in der Geodäsie
*1958, 108 Seiten, 49 Abb., 5 Tabellen, DM 28,—*

**HEFT 534**
*Oberbergamtsdirektor H. Sanders, Dortmund*
Seismische Forschungsarbeiten im Ostteil des Grubenfeldes König Ludwig
*in Vorbereitung*

**HEFT 545**
*Prof. Dr. phil. habil. H. E. Schwiete, Dr. rer. nat. G. Ziegler und Dipl.-Ing. Ch. Kliesch, Aachen*
Thermochemische Untersuchungen über die Dehydration des Montmorillonits
*1958, 48 Seiten, 16 Abb., 4 Tabellen, DM 15,40*

**HEFT 559**
*Prof. Dr. phil. habil. H. E. Schwiete und Dipl.-Chem. R. Gauglitz, Aachen*
Die Verflüssigung von Montmorillonitschlämmen
*1958, 66 Seiten, 15 Abb., 5 Tabellen, DM 19,30*

**HEFT 562**
*Prof. Dr.-Ing. H. Schenck, Prof. Dr. phil. habil N. G. Schmahl und Dr.-Ing. G. Funke, Aachen*
Die Reduzierbarkeit von Eisenerzen
*in Vorbereitung*

**HEFT 575**
*Prof. Dr. phil. habil. C. Kröger, Aachen*
Verkokungsverhalten der Steinkohlenmacerale und ihrer Mischungen
*1958, 58 Seiten, 18 Abb., 19 Tabellen, DM 18,70*

**HEFT 580**
*Prof. Dr.-Ing. A. Götte und Dipl.-Chem. G. Scholz, Aachen*
Unterstützung der Entwässerung von Feinkohle durch chemische Hilfsmittel
*in Vorbereitung*

**HEFT 603**
*Prof. Dr.-Ing. L. Engel und Dr.-Ing. J. Foerster, Clausthal-Zellerfeld*
Gummielastische Stoffe als Dämpfungselemente an schlagenden Werkzeugen
*in Vorbereitung*

HEFT 625
*Prof. Dr.-Ing. habil. W. Petersen und Dr.-Ing. S. Wawroscheck, Aachen*
Brikettierungsversuche zur Erzeugung von Möllerbriketts für die Schwelverhüttung

HEFT 665
*Dr. phil. habil. R. Köhler, Dr.-Ing. W. Ostermann, Bochum*
Geräuschuntersuchungen an Druckluftmotoren
*in Vorbereitung*

HEFT 686
*Dr.-Ing. D. Wartenberg, Clausthal-Zellerfeld*
Untersuchungen über die Stromzuführung und den elektrischen Antrieb beim Vermessungskreisel
*in Vorbereitung*

Ein Gesamtverzeichnis der Forschungsberichte, die folgende Gebiete umfassen, kann bei Bedarf vom Verlag angefordert werden:

Acetylen / Schweißtechnik – Arbeitspsychologie und -wissenschaft – Bau / Steine / Erden – Bergbau – Biologie – Chemie – Eisenverarbeitende Industrie – Elektrotechnik / Optik – Fahrzeugbau / Gasmotoren – Farbe / Papier / Photographie – Fertigung – Gaswirtschaft – Hüttenwesen / Werkstoffkunde – Luftfahrt / Flugwissenschaften – Maschinenbau – Medizin / Pharmakologie / Physiologie – NE-Metalle – Physik – Schall / Ultraschall – Schiffahrt – Textiltechnik / Faserforschung / Wäschereiforschung – Turbinen – Verkehr – Wirtschaftswissenschaften.

MIX
Papier aus verantwortungsvollen Quellen
Paper from responsible sources
FSC® C105338

If you have any concerns about our products,
you can contact us on
**ProductSafety@springernature.com**

In case Publisher is established outside the EU,
the EU authorized representative is:
**Springer Nature Customer Service Center GmbH**
**Europaplatz 3, 69115 Heidelberg, Germany**

Printed by Libri Plureos GmbH
in Hamburg, Germany